Robert Kussauer   **Qualitätsstufen für Oberflächen im Innenbereich**

Qualitätsstufen für Oberflächen im Innenbereich

Ausschreiben – Ausführen – Bewerten

mit 65 Abbildungen und 31 Tabellen

Robert Kussauer

Sachverständiger für Bau-, Feuchte- und Schimmelschäden sowie öffentlich bestellter und vereidigter Sachverständiger der Handwerkskammer Ulm für das Maler- und Lackiererhandwerk mit Schwerpunkt Schimmelpilzproblematik, Wärmedämm-Verbund- und Innendämmsysteme, staatlich geprüfter Farb- und Lacktechniker

Bibliografische Information der Deutschen Nationalbibliothek
Die Deutsche Nationalbibliothek verzeichnet diese Publikation in der Deutschen Nationalbibliografie; detaillierte bibliografische Daten sind im Internet über http://dnb.d-nb.de abrufbar.

Wiedergabe von DIN-Normen mit Erlaubnis des DIN Deutsches Institut für Normung e. V. Maßgebend für das Anwenden von Normen ist deren Fassung mit dem neuesten Ausgabedatum, die bei der Beuth Verlag GmbH, Burggrafenstraße 6, 10787 Berlin, erhältlich ist. Maßgebend für das Anwenden von Regelwerken, Richtlinien, Merkblättern, Hinweisen, Verordnungen usw. ist deren Fassung mit dem neusten Ausgabedatum, die bei der jeweiligen herausgebenden Institution erhältlich ist. Zitate aus Normen, Merkblättern usw. wurden, unabhängig von ihrem Ausgabedatum, in neuer deutscher Rechtschreibung abgedruckt.

Das vorliegende Werk wurde mit größter Sorgfalt erstellt. Verlag und Autor können dennoch für die inhaltliche und technische Fehlerfreiheit, Aktualität und Vollständigkeit des Werkes und seiner elektronischen Bestandteile (Internetseiten) keine Haftung übernehmen.

Wir freuen uns, Ihre Meinung über dieses Fachbuch zu erfahren. Bitte teilen Sie uns Ihre Anregungen, Hinweise oder Fragen per E-Mail: fachmedien.bau@rudolf-mueller.de oder Telefax: 0221 5497-6323 mit.

Lektorat: Petra Sander, Köln
Umschlaggestaltung und Satz: WMTP Wendt-Media Text-Processing GmbH, Birkenau
Druck und Bindearbeiten: Westermann Druck Zwickau GmbH, Zwickau
Printed in Germany

ISBN: 978-3-481-04641-5 (Buch-Ausgabe)
ISBN: 978-3-481-04650-7 (E-Book als PDF)
ISBN: 978-3-481-04651-4 (Buch-Ausgabe + E-Book als PDF)

Geleitwort

Die Oberflächengüte von ebenen Wänden und Decken in Innenräumen kann im Gegensatz zu häufig in der Praxis vorkommenden Fällen nicht allein in nur 4 Qualitätsstufen von Q1 bis Q4 (wobei Q2 die Standardqualität betrifft) ausreichend beschrieben und definiert werden.

Denn die hierfür zu erbringenden Leistungen unterscheiden sich erheblich im Aufwand und in der Kostenkalkulation je nach zu bearbeitendem Untergrund, wie z. B. Gips-, Gipsfaser-, Gipswandbauplatten, Beton, verputztem oder unverputztem Mauerwerk, und je nach zu definierenden Oberflächengestaltungen, z. B. Anstrichen, Putzen, Tapeten, Belägen, sowie je nach abzustimmenden Lichtverhältnissen (Streiflichtbedingungen), Strukturen, Effekten, Glanzgraden und Produktanforderungen.

Demzufolge existiert bereits eine Vielzahl von Regelwerken zu abgestuften Oberflächenqualitäten in Form von Richtlinien, Merkblättern und Normen von verschiedenen Institutionen, die zu den jeweils verschiedenen Wand- und Deckenkonstruktionen, ihren diversen Beschichtungen, Verkleidungen usw. die erforderlichen Ausführungsanweisungen geben – dies jedoch aufgrund der Vielzahl nicht in einer wünschenswert übersichtlichen Form und, wie der Autor des vorliegenden Buches zur Ebenheitsnorm DIN 18202 „Toleranzen im Hochbau – Bauwerke" (2019) und den dazu gehörigen Regelwerken mit überzeugenden Argumenten erklärt, leider auch nicht mit geeigneten Bemessungskriterien zur Erzielung der notwendigen Oberflächenglätte, insbesondere ab der Standardqualitätseinstufung Q2.

Die Folge sind in der Praxis häufig unliebsame Auseinandersetzungen aufgrund von Unzulänglichkeiten in Ebenheitsbemessungen zwischen Auftraggebern und Auftragnehmern bei der Bewertung vereinbarter Leistungen.

Demgegenüber stellt der Autor des vorliegenden Buches der Leserschaft in einer übersichtlich zusammengefassten Form und in einer Art Leitlinie über 40 beispielgebende Qualitätsstufen vor, die zur sicheren Ausschreibung, Ausführung und sachgerechten Bewertung von Oberflächenqualitäten führen – dies in differenzierter Ergänzung zu bestehenden, etablierten Regelwerken und Richtlinien mit ausführlichen, detaillierten Beschreibungen und mit geeigneten, praxiserprobten Stichmaßangaben zu den erforderlichen Ebenheitskriterien bei den jeweiligen Qualitätsstufen.

Architekten, Planer, ausschreibende Stellen und ausführende Handwerksbetriebe erfahren so Hilfestellung und Unterstützung bei der Herstellung von fachgerechten Leistungen in den mit dem Auftraggeber gemeinsam abgestimmten und vereinbarten Qualitätsstufen.

Unstimmigkeiten, Irritationen und Meinungsverschiedenheiten in der Bewertung der Leistungen von Oberflächenqualitäten kann so weitgehend aus dem Weg gegangen werden.

Um den spezifischen Anforderungen bei der Lieferung fachgerechter Leistungen im Hinblick auf Oberflächenqualitäten in Innenräumen möglichst umfassend gerecht werden zu können, gibt der Autor des vorliegenden Buches noch weitergehende, tiefgreifende, wertvolle Informationen und Tipps zu hier relevanten Regelwerken, zu speziellen Produktanforderungen und -eigenschaften, zu geeigneten Prüfmethoden, zu Beschichtungsstörungen und Mangelbeurteilungen, zu baurechtlichen Belangen, zu VOB- und ATV-Hinweisen, zu Nebenleistungen und Besonderen Leistungen sowie zu Bedenkenanzeigen und Einigem mehr.

Memmingen, den 10. Januar 2023   Max Ruprecht

Lackchemiker und staatlich geprüfter Techniker für Farbe, Lack, Kunststoff sowie zertifizierter Energieberater für das Maler- und Lackiererhandwerk; Technischer Leiter eines großen Farbenherstellers im Ruhestand

Vorwort

Die Ansprüche an fertiggestellte Oberflächen im Innenbereich sind sehr individuell. Der Trend geht derzeit zu glatten und strukturreduzierten Oberflächen, die an raumhohe Fenster angrenzen und somit Streiflicht in erhöhtem Maße ausgesetzt sind. Hinzu kommen individuelle Beleuchtungen der Innenräume, die auch kleinste Unebenheiten ins Blickfeld der Betrachtenden rücken.

Bei der Ausschreibung, Ausführung und Bewertung von Oberflächen, die als Trockenbau oder im Putzverfahren erstellt wurden, kommt es häufig zu unterschiedlichen Auffassungen über die zu erreichende Oberflächenqualität. Dies trifft ebenso auf beschichtete Betonoberflächen zu.

Die vorliegende Leitlinie soll den Auftraggebern und Planern eine Unterstützung bieten, um die zu erwartende Oberfläche fachlich korrekt so auszuschreiben, dass es dem ausführenden Handwerksbetrieb ermöglicht wird, diese Oberflächen ohne Risiko zu kalkulieren und herzustellen. Ebenso soll diese Leitlinie eine Hilfestellung bieten bei Unsicherheiten oder Unstimmigkeiten in der Bewertung von fertiggestellten Oberflächen.

In dieser Leitlinie werden bestehende Merkblätter, Richtlinien und Normen zu Oberflächenqualitäten zusammengefasst sowie nach Auffassung des Verfassers modifiziert und ergänzt, insbesondere:

- IGB-Merkblatt Nr. 3 „Putzoberflächen im Innenbereich" (2021),
- IGG-Merkblatt Nr. 2 „Verspachtelung von Gipsplatten; Oberflächengüten" (2017),
- IGG-Merkblatt Nr. 2.1 „Verspachtelung von Gipsfaserplatten – Oberflächengüten" (2017) und
- IGG-Merkblatt Nr. 6 „Vorbehandlung von Trockenbauflächen aus Gipsplatten zur weitergehenden Oberflächenbeschichtung bzw. -bekleidung" (2011).

Auftraggeber, Planer, ausschreibenden Stellen sowie ausführenden Handwerksbetrieben wird durch die vorliegende Leitlinie ein schneller Überblick über die verschiedenen Untergründe (Gipsplatten, Gipsfaserplatten, Gipswandbauplatten, Beton und Putz) und Ausführungsarten sowie die daraus resultierenden und die zu erwartenden Oberflächenqualitäten ermöglicht.

Dem Verlag, insbesondere Frau Zielke, die zur Realisierung dieses Fachbuchs beigetragen und diese hilfreich unterstützt hat, dankt der Autor. Des Weiteren gilt ein besonderer Dank dem Initiator des vorliegenden Fachbuches Andreas Konradi sowie Monika Henkel und Uta Kussauer für die grammatikalische Korrektur.

Aus Gründen der besseren Lesbarkeit wird bei Personenbezeichnungen und personenbezogenen Hauptwörtern zum Teil die männliche Form verwendet. Entsprechende Begriffe gelten im Sinne der Gleichbehandlung grundsätzlich für alle Geschlechter. Die verkürzte Sprachform hat nur redaktionelle Gründe und beinhaltet keine Wertung.

Leutkirch, im Januar 2023   Robert Kussauer

Inhalt

1 Ansprüche an die Oberflächenqualität

Bevor mit der Ausführung der Arbeiten begonnen wird, ist rechtzeitig festzulegen, welche Ansprüche der Auftraggeber an die Oberflächenqualität stellt. Bei Aufträgen, die direkt zwischen dem Auftraggeber (Endkunde) und dem Auftragnehmer abgeschlossen werden, wird die gewünschte Oberflächenqualität in der Regel anhand von Mustermaterialien oder vergleichbaren bestehenden Objekten besprochen. Da der Endkunde häufig nicht vom Fach ist, reicht es nicht immer aus, die gewünschte Oberflächenqualität anhand von transportablen Mustern festzulegen. Um Unstimmigkeiten bereits im Vorfeld zu vermeiden, ist es empfehlenswert, eine Musterfläche anzulegen und diese vom Auftraggeber abnehmen zu lassen. Schwieriger wird es, wenn Aufträge über Ausschreibungen und somit über Leistungsverzeichnisse vergeben werden, die von Planern/Architekten erstellt wurden (siehe Kapitel 2).

In jedem Fall sind die Ansprüche an die Oberfläche **im Vorfeld** festzulegen. Entscheidend ist hier nicht, ob es sich um ein repräsentatives Objekt oder um Räume mit einer untergeordneten Bedeutung handelt; entscheidend sind die Ansprüche (Abb. 1.1) des Auftraggebers.

Abb. 1.1: Hohe Ansprüche erfordern eine hohe Qualität in der Ausführung; hier: Decke und Wände in der Qualitätsstufe GPQ4 mit Vliestapete und Anstrich.

Derzeit verweisen fast alle Richtlinien und Empfehlungen der Hersteller in Bezug auf zulässige Ebenheitsabweichungen auf die DIN 18202 „Toleranzen im Hochbau – Bauwerke" (2019), was bedeutet, dass bei einer Unterschreitung der zulässigen Ebenheitsabweichungen und Einhaltung dieser Norm kein Mangel vorliegt. Allerdings sind die zulässigen Ebenheitsabweichungen nach dieser Norm (auch die erhöhten Anforderungen), wie sie derzeit beschrieben und angewendet werden, so hoch und unternehmerfreundlich, dass es selten vorkommt, dass diese Norm nicht eingehalten wird. Hinzu kommt, dass je nach Anwendung und Auslegung insbesondere der Messpunktabstände und Stichmaße ein Mangel vorliegt oder eben nicht (siehe Kapitel 7.3).

Auch bei Einhaltung der Toleranzen nach DIN 18202 entstehen Ebenheitsabweichungen, die vom Auftraggeber häufig nicht akzeptiert werden, weshalb diese **Einhaltung nicht ausreicht**, um Oberflächen zu erschaffen, die sich für die gewöhnliche Verwendung eignen und eine Beschaffenheit aufweisen, die bei Werken der gleichen Art üblich ist und die der Auftraggeber nach der Art der Leistung erwarten kann.

In den geltenden Richtlinien und Normen besteht kein einheitliches Konzept für die Beschreibung und Ausführung der Qualitätsstufen. Dies führt in der Praxis häufig zu Irritationen. Darüber hinaus werden von Planern die geforderten Leistungen häufig nicht ausreichend beschrieben und der Untergrund (z. B. Putzgrund, Trockenbau, Beton) wird oft nicht auf die fertige Leistung abgestimmt. Vielfach hat der Auftraggeber eine andere Erwartung an die fertige Leistung als der Auftragnehmer.

Um allen Baubeteiligten eine **gemeinsame Basis** für die Festlegung der Ansprüche an Oberflächen zu bieten, die auch von allen gleichermaßen verstanden wird, werden in Kapitel 3 Qualitätsstufen in Abhängigkeit vom Untergrund (Gips-/Gipsfaser-/Gipswandbauplatten, Beton, Putz) aufgeführt und die zu erbringenden Leistungen (Spachtel-, Putzarbeiten) sowie die zu erwartende Oberflächenqualität entsprechend der jeweiligen Qualitätsstufe beschrieben.

2 Oberflächenqualitäten in der Ausschreibung

2.1 Leistung von Planern

Bei der Erstellung des Leistungsverzeichnisses müssen die zu erbringenden Leistungen eindeutig, erschöpfend und vollständig beschrieben werden (siehe Kapitel 2.2). Hierzu ist es nicht ausreichend, in einer Position z. B. die Herstellung einer Oberfläche in der Qualität Q2 (Standardausführung) zu fordern, wie es in der täglichen Praxis häufig festzustellen ist. Vielmehr ist es zwingend erforderlich, im Leistungsverzeichnis zu beschreiben, welcher Untergrund vorliegt und wie er bearbeitet werden muss.

Aus der Angabe „Wände und Decken sind in der Qualitätsstufe Q2 herzustellen." erschließt sich (künftigen) Auftragnehmern nicht, welche Tätigkeit zu verrichten ist. Denn es macht einen Unterschied, ob ein Untergrund aus Gipsplatten (Gipskartonplatten), Gipsfaserplatten, Gipswandbauplatten, Beton oder verputztem oder unverputztem Mauerwerk bearbeitet werden muss. Daher ist es erforderlich, im Leistungsverzeichnis als Grundlage für die vertragliche Vereinbarung den zu bearbeitenden **Untergrund** sowie die zu erbringende **Qualitätsstufe** und Oberflächenbeschaffenheit (Spachtel-/Putzoberfläche) anzugeben und festzulegen.

Nachfolgende Anstriche, **Beschichtungen**, **Tapeten**, Vliese oder Beläge sind unverkennbar zu beschreiben. Spezielle Anforderungen, z. B. an die Oberflächenstruktur, den Glanzgrad oder die Nassabriebbeständigkeit, sind anzugeben und ins Leistungsverzeichnis aufzunehmen. Die erforderliche Oberflächenqualität ist unter Berücksichtigung der späteren **Lichtverhältnisse** vorab mit den Auftraggebern abzustimmen und vertraglich zu vereinbaren.

Eine fachgerechte Leistungsbeschreibung beinhaltet demnach zumindest die nachfolgend als Beispiele für Malerarbeiten aufgeführten Angaben.

Beispiel

Mindestangaben in einer fachgerechten Leistungsbeschreibung:

- Untergrund: Gipsplatten
- Qualitätsstufe: GPQ3
- Wandbekleidung: Vliestapete 130 g/m²
- Schlussbeschichtung: Anstrich zweifach (Vor- und Schlussanstrich) mit Dispersionsfarbe nach DIN EN 13300 „Beschichtungsstoffe" – Beschichtungsstoffe für Wände und Decken im Innenbereich (2023) G4, R2, stumpfmatt
- Hinweis Lichteinfluss: Beleuchtung durch Spots (Einbaustrahler) an der Decke

oder

- Untergrund: Mauerwerk
- Qualitätsstufe: PFQ2 (gefilzter Putz)
- Schlussbeschichtung: Anstrich zweifach (Vor- und Schlussanstrich) mit Dispersionssilikatfarbe nach DIN EN 13300 G4, R2, stumpfmatt
- Hinweis Lichteinfluss: raumhohe Fenster, Streiflicht

Die Erstellung von Gebäuden wird immer komplexer und schwieriger. Bereits kleinere Fehler können zu Mängeln und/oder Schäden führen. Umso wichtiger ist es, dass die verschiedenen am Bau beteiligten **Gewerke** aufeinander **abgestimmt** und Schnittstellen der unterschiedlichen Gewerke eindeutig festgelegt werden. Die Abstimmung der Gewerke muss in Bezug auf die Oberflächenqualität auch produkttechnisch erfolgen. Wird z. B. vom Trockenbaubetrieb für den Trockenbau eine geringere Qualitätsstufe gefordert als vom Malerbetrieb für die Malerarbeiten, können etwaige Ebenheitsabweichungen im Trockenbau durch einen Spachtelauftrag des Malerbetriebs häufig nicht gänzlich ausgeglichen werden, um den höheren Qualitätsansprüchen zu genügen. Die geforderte Qualitätsstufe ist daher in der Planung allen Gewerken vorzugeben, um ein entsprechendes Ergebnis zu erhalten.

2.2 Leistungsbeschreibung nach der Vergabe- und Vertragsordnung für Bauleistungen

In Leistungsbeschreibungen bzw. Ausschreibungen kommen immer wieder Begriffe wie „malerfertig", „streichfertig" oder „oberflächenfertig" vor. Diese Begriffe sind ungeeignet, um die zu erbringende Leistung zu beschreiben. Sie widersprechen dem Prinzip der „Vergabe- und Vertragsordnung für Bauleistungen – Teil A: Allgemeine Bestimmungen für die Vergabe von Bauleistungen" (VOB/A [2019]), wonach die Beschreibung der Leistung **eindeutig** und **erschöpfend** zu erfolgen hat (§ 7 Abs. 1 Nrn. 1 bis 3 VOB/A):

„§ 7
Leistungsbeschreibung

(1)   1. Die Leistung ist eindeutig und so erschöpfend zu beschreiben, dass alle Unternehmen die Beschreibung im gleichen Sinne verstehen müssen und ihre Preise sicher und ohne umfangreiche Vorarbeiten berechnen können.

2. Um eine einwandfreie Preisermittlung zu ermöglichen, sind alle sie beeinflussenden Umstände festzustellen und in den Vergabeunterlagen anzugeben.

3. Dem Auftragnehmer darf kein ungewöhnliches Wagnis aufgebürdet werden für Umstände und Ereignisse, auf die er keinen Einfluss hat und deren Einwirkung auf die Preise und Fristen er nicht im Voraus schätzen kann."

Bei unzureichenden Leistungsbeschreibungen sind ggf. Bedenken gegen die vorgesehene Art der Ausführung anzumelden (siehe hierzu Kapitel 10.2) und zusätzliche Leistungen zu vereinbaren.

Sind die zu erbringenden Leistungen nur sehr ungenau in der Leistungsbeschreibung beschrieben, kann dies nach der Fertigstellung der Arbeiten verschiedene **Auswirkungen** auf die Abnahme und Abrechnung der Leistungen haben, z. B.:

- Es kommt zu einer Aufforderung zur Nachbesserung nach Ausführung der Arbeiten durch eine Mängelrüge angeblicher Fehler, bedingt durch eine angebliche Abweichung von der Leistungsbeschreibung.
- Die Angaben im Leistungsverzeichnis sind nicht ausreichend, um eine mangelfreie und funktionsgerechte Leistung zu erbringen. Auftragnehmer sind aber verpflichtet, den Erfolg ihrer Leistung sicherzustellen.
- Die zu erbringende Leistung wurde gemäß den Angaben in der Leistungsbeschreibung kalkuliert und später wird am Objekt festgestellt, dass die Angaben im Leistungsverzeichnis nicht den tatsächlichen Gegebenheiten entsprechen und dadurch teilweise eine Fehlkalkulation entstanden ist. Meistens müssen dann die Auftragnehmern die zusätzlichen Kosten tragen.

In der „Vergabe- und Vertragsordnung für Bauleistungen – Teil C: Allgemeine Technische Vertragsbedingungen für Bauleistungen (ATV)" (VOB/C [2019]) sind für die einzelnen Gewerke Angaben hinsichtlich der Oberflächen in der Leistungsbeschreibung vorgesehen, so auch für Maler- und Lackierarbeiten, Putz- und Stuckarbeiten sowie für Trockenbauarbeiten. In der ATV DIN 18363 „Maler- und Lackierarbeiten – Beschichtungen" (2019) heißt es in Abschnitt 0:

„0   Hinweise für das Aufstellen der Leistungsbeschreibung

Diese Hinweise ergänzen die ATV DIN 18299 ‚Allgemeine Regelungen für Bauarbeiten jeder Art', Abschnitt 0. Die Beachtung dieser Hinweise ist Voraussetzung für eine ordnungsgemäße Leistungsbeschreibung gemäß §§ 7 ff., §§ 7 EU ff. beziehungsweise §§ 7 VS ff. VOB/A.

[…]

In der Leistungsbeschreibung sind nach den Erfordernissen des Einzelfalls insbesondere anzugeben:

[…]

0.2   Angaben zur Ausführung

0.2.1   Art, Lage, Maße, Beschaffenheit und Festigkeit der zu bearbeitenden Flächen, z. B. von vorhandenen Oberflächen und Beschichtungen, Abdichtungen, gegebenenfalls Hinweise auf Trennmittelrückstände.

[…]

0.2.3   Art der Beschichtungsstoffe.

0.2.4   Farbtöne weiß, hell-, mittel- oder dunkel-/sattgetönt; Effektlackierung wie Metall- oder Perlglanzeffekt; mit Eisenglimmerpigment; Farbangaben nach DIN 6164-1 ‚DIN-Farbenkarte – System der DIN-Farbenkarte für den 2°-Normalbeobachter' oder anhand von Farbmustern.

[…]

0.2.6   Art der auszuführenden Beschichtung, z. B. Erstbeschichtung oder Überholungsbeschichtung nach DIN 55945 ‚Beschichtungsstoffe und Beschichtungen – Ergänzende Begriffe zu DIN EN ISO 4618'.

0.2.7   Art des Beschichtungsverfahrens, z. B. Hand- oder Maschinenbeschichtung, Auftragen von Schlussbeschichtungen durch Strukturieren, Modellieren durch Stupfen, Rollen.

0.2.8   Anforderungen an die Beschichtung in Bezug auf Glätte, Oberflächenstruktur und Glanzgrad; bei putzartigen Beschichtungen die Korngröße. Beanspruchung von Beschichtungsstoffen, z. B. Klasse der Nassabriebbeständigkeit nach DIN EN 13300 ‚Beschichtungsstoffe – Wasserhaltige Beschichtungsstoffe und Beschichtungssysteme für Wände und Decken im Innenbereich – Einteilung'.

[...]

0.2.20   Anzahl und Art von Spachtelungen, z. B. als Fleck- oder Teilspachtelung; zu spachtelnder Flächenanteil. Angabe der Qualitätsstufe, z. B. Q 2, Q 4 nach DIN 18550-2 ‚Planung, Zubereitung und Ausführung von Außen- und Innenputzen – Teil 2: Ergänzende Festlegungen zu DIN EN 13914-2:2016-09 für Innenputze'."

Hinweis

Bei einer Fleckspachtelung handelt es sich um eine einzelne partielle Spachtelung, die bis zu handtellergroß ist und einen Flächenanteil von 1 bis 3 % der zu behandelnden Fläche hat. Demgegenüber ist eine Teilspachtelung die Spachtelung einer Teilfläche, deren Größe ebenso festzulegen ist wie der zu spachtelnde Flächenanteil in Prozent oder die Anzahl der Einzelflächen (vgl. BFS-Merkblatt Nr. 8 „Innenbeschichtungen, Tapezier- und Klebearbeiten auf Betonflächen mit geschlossenem Gefüge" [2010], S. 8).

Wenn eine Spachtelung der Oberflächen vereinbart ist, sind die Oberflächen ganzflächig einmal mit Spachtelmasse zu überziehen und zu glätten (vgl. Abschnitt 3.1.6 ATV DIN 18363).

Bei einer Fugenverspachtelung ist nach Längenmaß auszuschreiben und abzurechnen (siehe Abschnitt 0.5.2 ATV DIN 18350 „Putz- und Stuckarbeiten" [2019]).

In der ATV DIN 18350 heißt es in den Hinweisen für das Aufstellen der Leistungsbeschreibung (Abschnitt 0 ATV DIN 18350):

„*[...]*

In der Leistungsbeschreibung sind nach den Erfordernissen des Einzelfalls insbesondere anzugeben:

[...]

0.2.1   Art, Lage, Beschaffenheit und Festigkeit der zu bearbeitenden Flächen, z. B. Beton, Mauerwerk.

[...]

0.2.18 Angaben bei Ausführung von erhöhten Anforderungen an die Ebenheit oder Maßhaltigkeit.

0.2.19 Verwendungszweck des Putzes, Art, Lage, Dicke und Anforderungen von vorgesehenen Belägen, Beschichtungen oder Bekleidungen auf dem ausgeführten Putz.

[...]

0.2.23 Oberflächenqualität des Innenputzes, z. B. nach DIN 18550-2 ‚Planung, Zubereitung und Ausführung von Außen- und Innenputzen – Teil 2: Ergänzende Festlegungen zu DIN EN 13914-2:2016-09 für Innenputze' [...]."

Hinweis

> Die Angabe der Qualitätsstufe (z. B. Q2) ist nicht ausreichend. Aus dieser Angabe geht nicht hervor, welche Oberfläche beschrieben wird (glatt, gefilzt, abgezogen, gerieben).

Die ATV DIN 18340 „Trockenbauarbeiten" (2019) gibt in ihren Hinweisen für das Aufstellen der Leistungsbeschreibung zur Oberflächenqualität Folgendes an (Abschnitt 0 ATV DIN 18340):

„[...]

In der Leistungsbeschreibung sind nach den Erfordernissen des Einzelfalls insbesondere anzugeben:

[...]

0.2.36 Erhöhte Anforderungen an die Ebenheit oder Maßhaltigkeit.

0.2.37 Qualitätsstufen der Oberflächenverspachtelung."

2.3 Nebenleistungen und Besondere Leistungen

Gemäß VOB wird zwischen Nebenleistungen und Besonderen Leistungen unterschieden (Abschnitt 4 ATV DIN 18299 „Allgemeine Regelungen für Bauarbeiten jeder Art" [2019]):

„4 Nebenleistungen, Besondere Leistungen

4.1 Nebenleistungen

Nebenleistungen sind Leistungen, die auch ohne Erwähnung im Vertrag zur vertraglichen Leistung gehören (§ 2 Absatz 1 VOB/B).

[...]

4.2 Besondere Leistungen

Besondere Leistungen sind Leistungen, die nicht Nebenleistungen nach Abschnitt 4.1 sind und nur dann zur vertraglichen Leistung gehören, wenn sie in der Leistungsbeschreibung besonders erwähnt sind. [...]"

Hinweis

Nach Abschnitt 0.4.1 ATV DIN 18299 sind Nebenleistungen *„in der Leistungsbeschreibung nur zu erwähnen, wenn sie ausnahmsweise selbständig vergütet werden sollen."* Die ATV DIN 18299 rät in Abschnitt 0.4.1 eine ausdrückliche Erwähnung an, *„wenn die Kosten der Nebenleistung von erheblicher Bedeutung für die Preisbildung sind."*

In der Leistungsbeschreibung ist nach Abschnitt 0.4.2 ATV DIN 18299 anzugeben, wenn Besondere Leistungen verlangt werden, und für die Besonderen Leistungen sind ggf. eigene Positionen vorzusehen.

2.3.1 Oberflächenrelevante Nebenleistungen

In der VOB/C sind für die einzelnen Gewerke konkrete Nebenleistungen im jeweiligen Abschnitt 4.1 aufgelistet. Für Oberflächen relevante Nebenleistungen bei Maler- und Lackierarbeiten sind nach Abschnitt 4.1.3 ATV DIN 18363:

*„**4.1.3** Schutz von Bau- und Anlagenteilen, z. B. von Einrichtungsgegenständen, Fußböden, Geländern, Türen, Fenstern vor Verunreinigungen und Beschädigungen während der Arbeiten durch loses Abdecken, Abhängen oder Umwickeln, einschließlich anschließender Beseitigung der Schutzmaßnahmen, ausgenommen Leistungen nach Abschnitt 4.2.11."*

Hinweis

Besondere Leistungen nach Abschnitt 4.2.11 ATV DIN 18363 sind besondere Schutzmaßnahmen, z. B. das Abkleben von Fenstern, das staubdichte Abkleben von empfindlichen Einrichtungen oder das Auslegen von Hartfaserplatten und Bautenschutzfolien ab 0,2 mm Dicke (siehe Kapitel 2.3.2).

Für Oberflächen relevante Nebenleistungen bei Putz- und Stuckarbeiten werden in Abschnitt 4.1.8 ATV DIN 18350 genannt:

*„**4.1.8** Schutz von Bau- und Anlagenteilen vor Verunreinigungen und Beschädigungen während der Putzarbeiten durch loses Abdecken, Abhängen oder Umwickeln, ausgenommen Schutzmaßnahmen nach Abschnitt 4.2.10."*

Hinweis

Besondere Leistungen nach Abschnitt 4.2.10 ATV DIN 18350 sind ebenso wie in ATV DIN 18363 besondere Schutzmaßnahmen, wie Staubschutzwände oder Notdächer (siehe Kapitel 2.3.2).

2.3.2 Oberflächenrelevante Besondere Leistungen

Im jeweiligen Abschnitt 4.2 werden in der VOB/C für die einzelnen Gewerke Besondere Leistungen genannt. Besondere Leistungen, die für Oberflächen relevant sind, bestehen neben besonderen Schutzmaßnahmen vor allem in der Herstellung hoher Oberflächenqualitäten.

Besondere Schutzmaßnahmen werden für Maler- und Lackierarbeiten, Trockenbauarbeiten sowie für Putz- und Stuckarbeiten in der VOB/C im Einzelnen wie folgt beschrieben:

*„**4.2.11** Besonderer Schutz von Bau- und Anlagenteilen sowie Einrichtungsgegenständen, z. B. durch Abkleben von Fenstern, Türen, Böden, Belägen, Treppen, Hölzern, Dachflächen, Schalter- und Steckdosenabdeckungen, oberflächenfertigen Teilen, staubdichtes Abkleben von empfindlichen Einrichtungen und technischen Geräten, Staubschutzwände, Gerüstbekleidungen, Schutzanstriche, Notdächer, Auslegen von Hartfaserplatten und Bauschutzfolien ab 0,2 mm Dicke, Abdeckvlies.“* (Abschnitt 4.2.11 ATV DIN 18363)

*„**4.2.6** Besondere Maßnahmen zum Schutz von Bau- und Anlagenteilen sowie Einrichtungsgegenständen, z. B. durch Abkleben von Fenstern, Türen, Böden und oberflächenfertigen Teilen, staubdichtes Abkleben von empfindlichen Einrichtungen und technischen Geräten, Staubschutzwände, Auslegen von Hartfaserplatten oder Bauschutzfolien ab 0,2 mm Dicke.“* (Abschnitt 4.2.6 ATV DIN 18340)

*„**4.2.10** Maßnahmen zum Schutz von Bau- und Anlagenteilen sowie Einrichtungsgegenständen, z. B. durch Abkleben von Fenstern, Türen, Böden, Belägen, Treppen, Hölzern, Dachflächen, Elektrodosen, oberflächenfertigen Teilen, staubdichtes Abkleben von empfindlichen Einrichtungen und technischen Geräten, Staubschutzwände, Notdächer, Auslegen von Hartfaserplatten oder Bauschutzfolien ab 0,2 mm Dicke.“* (Abschnitt 4.2.10 ATV DIN 18350)

Hinweis

Die besonderen Schutzmaßnahmen sind in der Leistungsbeschreibung, ggf. in besonderen Positionen, anzugeben.

Besondere Leistungen, die die Herstellung hoher Oberflächenqualitäten betreffen, sind für Trockenbauarbeiten sowie für Putz- und Stuckarbeiten in der VOB/C benannt:

*„**4.2.9** Leistungen für das Herstellen höherer Oberflächenqualitäten Leistungsumfang Q 3 oder Q 4 [...]“* (Abschnitt 4.2.9 ATV DIN 18340)

*„**4.2.25** Leistungen zum Erreichen von Oberflächenqualitäten nach Abschnitt 3.2.3.“* (Abschnitt 4.2.25 ATV DIN 18350)

Hinweis

Abschnitt 3.2.3 der ATV DIN 18350 bezieht sich auf die Qualitätsstufen Q3 und Q4 von geglätteten oder gefilzten Putzen.

Die ATV DIN 18340 und die ATV DIN 18350 legen fest, dass das Herstellen höherer Oberflächenqualitäten **ab Qualitätsstufe Q3** eine **Besondere Leistung** darstellt und besonders zu vergüten ist. Es obliegt dem Auftragnehmer, seine Leistung entsprechend zu kalkulieren. Dazu ist es erforderlich, dass die Leistung in der Planung eindeutig und erschöpfend beschrieben wurde.

3 Ausführung von Oberflächen

3.1 Qualitätsstufen von Oberflächen

Um den Anforderungen an Oberflächen in Innenräumen gerecht zu werden, steht eine Vielzahl von Möglichkeiten zur Auswahl. Einen wesentlichen Einfluss auf das spätere Erscheinungsbild hat die Qualität des zu **bearbeitenden Untergrundes**, insbesondere in Bezug auf

- die Ebenheit der fertigen Oberfläche,
- die Materialwahl in der Ausführung bzw. die Vorgaben in der Planung zur Ausführung der Arbeiten,
- die Anforderungen an die Oberflächenqualität (Qualitätsstufe),
- die geforderte Oberflächenstruktur und
- die Qualität der handwerklichen Ausführung.

Der Aufwand, die geforderte Oberflächenbeschaffenheit (Qualitätsstufe) zu erreichen, ist abhängig vom Untergrund, der Art der Ausführung der Arbeiten (Spachteln oder Verputzen) und der Höhe der Qualitätsstufe (Abb. 3.1).

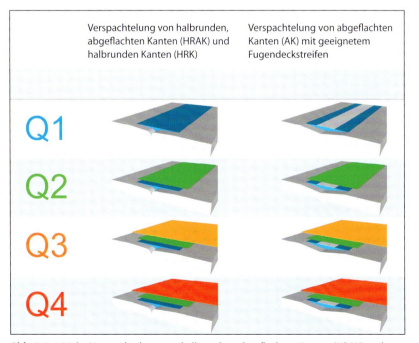

Abb. 3.1: Links: Verspachtelung von halbrunden, abgeflachten Kanten (HRAK) und halbrunden Kanten (HRK); rechts: Verspachtelung von abgeflachten Kanten (AK) mit geeignetem Fugendeckenstreifen

Die Ebenheit der gespachtelten oder verputzten Oberfläche hängt u. a. von der Genauigkeit ab, mit der der Trockenbau bzw. der Putzgrund ausgeführt wurde. Ebenso sind die für einen Innenputz festgelegten Dicken von entscheidender Bedeutung. Bei Spachtelarbeiten oder der Ausführung von Innenputz in dünnen Lagen lassen sich nur geringfügige Unebenheiten oder kleine Abweichungen des Spachtel- bzw. Putzgrundes ausgleichen. Größere Unebenheiten können in der Regel durch Spachtelarbeiten und dünne Putzlagen nicht ausgeglichen werden. Die zulässigen Ebenheitsabweichungen sind bereits für die Erstellung von **Spachtel**- oder **Putzgrund** (Trockenbau, Mauerwerk, Beton usw.) vorzugeben.

Sind größere Unebenheiten des Putzgrundes vorhanden, können Ebenheitsabweichungen z. B. durch die Ausführung des Putzes in einer höheren Gesamtdicke, ggf. in mehreren Putzausgleichslagen, behoben werden. Hierbei sind die Vorgaben des Herstellers des jeweiligen Putzsystems zu beachten.

Die abschließende Beschichtung oder Bekleidung, wie ein Anstrich oder eine Tapete, kann die Wahl einer zu geringen Qualitätsstufe im Nachhinein nur unwesentlich positiv beeinflussen, teilweise sogar Unregelmäßigkeiten zusätzlich hervorheben. Je höher der optische Anspruch ist, desto höher sollte auch die Qualitätsstufe gewählt, beauftragt und ausgeführt werden. Immerhin stehen für die Ausführung von Oberflächen aus Gipsplatten, Gipsfaserplatten, Gipswandbauplatten, Beton und Putzen über 40 Qualitätsstufen zur Auswahl (Tabelle 3.1).

Tabelle 3.1: Qualitätsstufen von Oberflächen

Bearbei-tungsart	zu bearbeitender Untergrund	Qualitätsstufen				
Spachtel-arbeiten	Gipsplatten (Gipskartonplatten)	GPQ1	GPQ2	GPQ3	GPQ4	GPQ4 plus
	Gipsfaserplatten	GFQ1	GFQ2	GFQ3	GFQ4	GFQ4 plus
	Gipsfaserplatten mit Klebefuge	GFKQ1	GFKQ2	GFKQ3	GFKQ4	GFKQ4 plus
	Gipswandbauplatten	GWQ1	GWQ2	GWQ3	GWQ4	GWQ4 plus
	schalungsrauer Beton	BSQ1	BSQ2	–	–	–
	glatter Beton	BGQ1	BGQ2	BGQ3	BGQ4	BGQ4 plus
Putz-arbeiten	abgezogener Putz	PZQ1	PZQ2	PZQ3	–	–
	geglätteter Putz	PGQ1	PGQ2	PGQ3	PGQ4	PGQ4 plus
	abgeriebener Putz	PRQ1	PRQ2	PRQ3	PRQ4	–
	gefilzter Putz	PFQ1	PFQ2	PFQ3	PFQ4	–

Hinweis

Um die Anforderungen an Oberflächenqualitäten in Leistungsverzeichnissen transparent zu gestalten, ist die Angabe der Qualitätsstufen in Tabelle 3.1 hilfreich. Die Bezeichnung „PFQ2" erschließt z. B. sowohl den Auftraggebern als auch den Auftragnehmern sofort, dass es sich um die Qualitätsstufe Q2 in der Ausführung „Putz, gefilzt" handelt. Aus den Qualitätsstufenbezeichnungen in Tabelle 3.1 geht für die Spachtelarbeiten der zu spachtelnde Untergrund und für den Putz die Oberflächenstruktur hervor.

In der Baupraxis sind an der Erstellung von Oberflächen in der Regel verschiedene Gewerke beteiligt. Je hochwertiger eine Oberfläche erstellt werden soll, desto wichtiger ist es, allen Gewerken entsprechende Vorgaben zur Erstellung der Oberfläche zu liefern, z. B. für die Maurerarbeiten (Rohbau), die Putz- und Stuckarbeiten und die Malerarbeiten (Spachtelarbeiten und Beschichtung). Nur durch eine Zusammenarbeit der einzelnen Gewerke lassen sich hochwertige Oberflächen erzielen.

Dafür ist es nicht ausreichend, nur die Vorgaben der DIN 18202 „Toleranzen im Hochbau – Bauwerke" (2019) zu erfüllen (siehe Kapitel 7.3). In der Regel sind bereits **ab der Qualitätsstufe Q2 über die DIN 18202** (auch über die erhöhten Anforderungen der DIN 18202) **hinausgehende** Anforderungen zu erfüllen. Die DIN EN 13914-2 „Planung, Zubereitung und Ausführung von Innen- und Außenputzen – Teil 2: Innenputze" (2016) beinhaltet bereits höhere „Normalanforderungen" an die Ebenheit bei der Ausführung von Putzen als die DIN 18202. Es sind daher immer weiterführende Angaben erforderlich. Ebenso wenig ist es sinnvoll, Spachtelarbeiten gemäß DIN 18202 in den Bereich „erhöhte Anforderungen" einzuordnen und als „besonders zu vergütende Leistung" einzustufen, da auch mit den „erhöhten Anforderungen" nach DIN 18202 in der Regel ab der Qualitätsstufe Q2 keine Oberflächenqualität erzielt wird, die den Auftraggeber zufriedenstellt.

Durch die Einteilung in **differenzierte Qualitätsstufen** nach Tabelle 3.1 ist die Preisfindung für alle am Bau Beteiligten gleich, d. h., alle erhalten mit dieser Einteilung eine gemeinsame Basis und die gleichen Voraussetzungen für die Preiskalkulation. Außerdem ergibt sich eine bessere Vergleichbarkeit der angebotenen Leistungen. Vorrausetzung ist eine genaue Beschreibung des zu bearbeitenden Untergrundes. Eine Ausnahme bildet die Ausleuchtung des Arbeitsplatzes mit künstlichem Licht, da diese Art von Arbeit, bedingt durch dem Auftragnehmer häufig nicht bekannte Umstände, schwer kalkulierbar ist und der erforderliche Arbeitsaufwand u. a. von den Vorleistungen anderer Gewerke abhängt.

Derzeit maßgebliche Merkblätter für Spachtel- und Putzarbeiten (IGG-Merkblatt Nr. 2 [2017], IGG-Merkblatt Nr. 2.1 [2017] und IGB-Merkblatt Nr. 3 [2021]) beschreiben, dass Q2-Oberflächen nicht für das Tapezieren mit Vliestapeten geeignet sind. Es ist aber übliche Praxis, Decken- und Wandflächen, die in der Qualitätsstufe Q2 (GPQ2, GFQ2, GFKQ2, BGQ2) ausgeschrieben sind, mit Vliestapeten (mit technischem Vlies) zu tapezieren

Abb. 3.2: Spachtelung von Gipsplatten mit breitem Ausspachteln der Fugenbereiche (GPQ2)

Abb. 3.3: Schleifen der Spachtelstellen auf den Gipsplatten (GPQ2)

Abb. 3.4: Oberfläche nach dem Spachteln und Schleifen (GPQ2)

(Abb. 3.2 bis 3.5). Dazu werden vorab bestehende Fugen verspachtelt und bis zu einem stufenlosen Übergang geschliffen. Anschließend wird ein Grundbeschichtungsstoff aufgebracht und darauf die Vliestapete tapeziert. Den Abschluss bildet in der Regel ein matter Anstrich. Oft wird mit dieser Ausführung eine Oberfläche erzielt, die optisch weit über der eigentlichen Qualitätsstufe Q2 liegt, auch ohne dass die Gips- bzw. Betonoberflächen zuvor komplett mit einer Spachtelmasse abgezogen wurden, wie es für die Qualitätsstufe Q3 vorgesehen ist (Abb. 3.6 und 3.7).

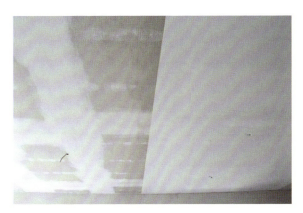

Abb. 3.5: Tapezieren der gespachtelten und geschliffenen Gipsplattenoberfläche (GPQ2) mit einer Vliestapete (130 g/m²)

Abb. 3.6: Nicht ausreichende Qualitätsstufe GPQ2 bei der Einwirkung von Streiflicht

Abb. 3.7: Bereich vor der Akustikplatte: Spachtelung auf Gipsplatten nach Qualitätsstufe GPQ2 (Streiflichteinwirkung)

Einen wesentlichen Anteil am späteren optischen Erscheinungsbild hat die Ausführung von **Roh-** und **Trockenbau**. Bei fein strukturierten Wandbekleidungen, wie z. B. einer Vliestapete, zeichnen sich untergrundbedingte Unregelmäßigkeiten stärker ab als bei mittel und grob strukturierten Bekleidungen, Putzen, Beschichtungen mit putzartigem Aussehen und Beschichtungen mit silikatischen Füllstoffen.

Die an der Herstellung von Oberflächen beteiligten Gewerke verfügen über qualifizierte Fachkräfte, die in der Lage sind, sehr hohe Ansprüche in Bezug auf die Oberflächenqualität zu erfüllen. Daher enden die in Tabelle 3.1 vorgestellten Qualitätsstufen nicht mit der Qualitätsstufe Q4. Höherwertige Leistungen sind möglich. Mit der **Qualitätsstufe Q4 plus** wird diese sehr hohe Ausführungsqualität als Besondere Leistung berücksichtigt.

Hinweis

> Nicht immer ist es erforderlich oder gewünscht (z. B. aus Kostengründen), eine hohe Oberflächenqualität herzustellen. Den Vertragsparteien ist es freigestellt, individuelle Vereinbarungen zu treffen. Sollte in Bezug auf die Ebenheit von Oberflächen eine individuelle Beschaffenheit vereinbart werden, ist es zwingend erforderlich, diese Beschaffenheit exakt festzulegen. So kann z. B. vereinbart und vertraglich festgehalten werden, dass an die Ebenheit geringere Anforderungen als nach DIN 18202 gestellt werden. Bei einer solchen Vereinbarung ist genau zu beschreiben, ob sie für das gesamte Bauwerk oder nur für einzelne Bereiche gilt. Auch wenn eine solche Vereinbarung vorwiegend die Gewerke Maurer-, Beton- und Trockenbauarbeiten betrifft, sollte sie prinzipiell mit allen am Bau beteiligten Gewerken getroffen werden. Auftraggeber sind allerdings auf die optische Beeinträchtigung, die durch eine geringere Oberflächenqualität entstehen kann, schriftlich hinzuweisen.

Erläuterungen zu den Tabellen 3.2 bis 3.11

In den Tabellen 3.2 bis 3.11 werden unverbindliche Beispiele für Eignungshinweise von Belägen, Bekleidungen, Putzen und Beschichtungen in Bezug auf die Qualitätsstufen genannt. Bei der Planung und Ausschreibung sind die Vorgaben der Hersteller der zur Anwendung kommenden Produkte zu berücksichtigen. Der erforderliche Beschichtungsaufbau ist auf den Untergrund, die zu erwartende bzw. geforderte Belastbarkeit sowie die Beauftragung in Bezug auf die optischen Qualitätsansprüche abzustimmen. Grundierungen, Aufbrennsperren und sonstige ggf. erforderlichen Vorarbeiten werden in den Tabellen nicht genannt und sind den technischen Unterlagen der jeweiligen Hersteller zu entnehmen.

Die Wahl, ob eine Spachtelung oder ein Putzsystem zur Ausführung kommen soll, richtet sich nach

- den technischen und optischen Ansprüchen an die fertige Oberfläche,
- den Eigenschaften und der Zusammensetzung des Untergrundes sowie
- den Ebenheitsabweichungen des Untergrundes.

Unter **Arbeitsschritte** ist beschrieben, welche Arbeitsschritte erforderlich sind, um die zu erwartende optische Oberflächenbeschaffenheit bzw. die geforderten Anforderungen, unterteilt in die Stufen „keine optischen Anforderungen", „Standardanforderungen", „erhöhte Anforderungen", „hohe Anforderungen" und „höchste Anforderungen", zu erreichen.

Den einzelnen Oberflächenqualitätsstufen der unterschiedlichen Untergründe werden in den Tabellen 3.2 bis 3.11 geeignete **Oberflächengestaltungen** zugeordnet.

Dabei fallen unter **Beläge**:

- Fliesen und Platten,
- Wandbeläge aus Keramik,
- Glas und
- Naturwerkstein;

unter **Bekleidungen**:

- Raufasertapeten,
- Vliestapeten als Anstrichträger,
- Vliestapeten als Mustertapeten,
- Glasfasergewebe,
- Metalltapeten,
- Vinyltapeten und
- sonstige glatte oder fein strukturierte Wandbekleidungen mit Glanz;

unter **Putze**:

- dekorative Oberputze,
- Stuccolustro und
- sonstige hochwertige Glätt-Techniken;

unter **Beschichtungen**:

- Dispersionsfarben, Dispersionssilikatfarben, Sol-Silikatfarben nach DIN EN 13300 „Beschichtungsstoffe – Beschichtungsstoffe für Wände und Decken im Innenbereich – Einteilung" (2023) in der Ausführung
  – stumpfmatt,
  – matt,
  – mittlerer Glanz und
  – glänzend sowie
- Beschichtungen mit putzartigem Aussehen oder silikatischen Füllstoffen.

Die **Anforderungen an die Ebenheit der Flächen** beschreiben die erforderlichen Vereinbarungen für die Ebenheit, die zu treffen sind, um eine bestimmte Oberflächenqualität zu erreichen, unter der alle Baubeteiligten das Gleiche verstehen. Winkel- und Fluchtabweichungen müssen bereits im Rohbau bzw. im Trockenbau gemäß der vereinbarten Beschaffenheit erstellt werden. Durch einen Spachtel- oder Putzauftrag sind nur geringfügige Korrekturen von Winkel- und Fluchtabweichungen möglich.

Die **Anforderungen bei der Einwirkung von natürlichem oder künstlichem Streiflicht** berücksichtigen die Auswirkungen von natürlichem oder künstlichem Streiflicht. Hier wird empfohlen, abhängig von der vereinbarten Qualitätsstufe Vorkehrungen zu treffen, um Streiflicht bereits während der Herstellung der Oberflächen zu simulieren, damit die vereinbarte Oberflächenqualität erreicht werden kann. Eine Installation der später auf die Oberfläche einwirkenden Leuchtkörper vor der Fertigstellung der Oberfläche ist in der Regel nicht praktikabel. Eine vorherige Installation der Leuchtkörper macht nur Sinn, wenn sie an der Decke angebracht und die Wände bearbeitet werden. In allen anderen Fällen ist künstliches Licht mit mobilen Leuchtkörpern zu erzeugen.

Optische Anforderungen an die Oberfläche: Abhängig von der vereinbarten Qualitätsstufe dürfen mehr oder weniger Verarbeitungsspuren, Kornanhäufungen oder Schattierungen in der fertiggestellten Oberfläche ersichtlich sein.

Bearbeitungsabdrücke: Hierunter sind Abdrücke zu verstehen, die von den zur Bearbeitung des Untergrundes verwendeten Werkzeugen stammen.

Bearbeitungsspuren: Hierunter sind nicht vermeidbare Bearbeitungsspuren zu verstehen, wie sie z.B. bei der Oberfläche Putz geglättet (z. B. PG Q2) entstehen können.

Spachtelgrade: Spachtelgrade sind einzelne werkzeugbedingte Erhebungen, die je nach Qualitätsstufe z. B. durch Schleifen zu entfernen sind.

Alternativen: Um z. B. die Qualitätsstufe GPQ3 zu erzielen, ist es nicht zwingend erforderlich, die Oberfläche der Gipsplatten abzuporen. Alternativ kann ein Grundanstrich mit silikatischen Füllstoffen aufgebracht werden, um den Unterschied zwischen den glatten Spachtelstellen im Bereich der Fugen und der raueren Kartonoberfläche zu egalisieren, wenn abschließend ein Anstrich erfolgen soll.

Zu beachtende Besonderheiten: Die Kundenwünsche sind individuell und können in den Tabellen 3.2 bis 3.11 nicht alle beschrieben werden. Besondere Kundenwünsche erfordern besondere Maßnahmen.

3.2   Spachtelarbeiten

3.2.1   Gipsplatten (Gipskartonplatten)

Tabelle 3.2:   Arbeitsschritte, Anforderungen und geeignete Oberflächengestaltungen für die Qualitätsstufen GPQ1 bis GPQ4 plus (Quelle: neu zusammengestellt nach IGG-Merkblatt Nr. 2 [2017])

Qualitätsstufe GPQ1

Arbeitsschritte	geeignete Oberflächengestaltung
Eine Grundverspachtelung (GPQ1) ist für Oberflächen, an die keine optischen (dekorativen) Anforderungen gestellt werden, ausreichend. Die Verspachtelung umfasst: • das Füllen der Stoßfugen zwischen den Gipsplatten, • das Überziehen der sichtbaren Teile der Befestigungsmittel, • das Abstoßen von überstehendem Spachtelmaterial.	Beläge: • Fliesen und Platten • Wandbeläge aus Keramik • Naturwerkstein

Anforderungen

Anforderungen an die Ebenheit der Flächen:
• vereinbarte Beschaffenheit
• In der Regel beträgt das zulässige Stichmaß gemäß DIN 18202 bei Messpunktabständen von 2,0 m max. 7,0 mm.

Anforderungen bei der Einwirkung von natürlichem oder künstlichem Streiflicht:
ohne Anforderungen

optische Anforderungen an die Oberfläche:
• ohne optische Anforderungen an die Oberfläche
• Abzeichnungen, die werkzeugbedingt sind, Riefen und Grate dürfen deutlich sichtbar sein.

Alternativen:
Die Fugen können statt mit den für Gipsplatten üblichen Spachtelmassen auch mit für keramische Bekleidungen verwendeten Klebstoffen (Dispersions- oder Epoxidharzklebstoffen [Gipsverträglichkeit beachten]) gefüllt werden. Dann sind die Verarbeitungshinweise des Kleberherstellers zu beachten.

zu beachtende Besonderheiten:
• Sieht das gewählte Verspachtelungssystem (Spachtelmaterial, Kantenform der Platten) Fugendeckstreifen (Bewehrungsstreifen) vor, so schließt die Grundverspachtelung das Einlegen der Fugendeckstreifen ein.
• Fugendeckstreifen sind außerdem dann einzulegen, wenn dies aus konstruktiven Gründen für notwendig erachtet wird.
• Bei den unteren Plattenlagen mehrlagiger Beplankungen müssen die Stoß- und Anschlussfugen gefüllt werden. Dafür können je nach Fugenausbildung und Spachtelmasse mehrere Arbeitsgänge erforderlich sein.
• Bei den unteren Plattenlagen kann auf das Überspachteln der Befestigungsmittel verzichtet werden.
• Werden die Flächen später mit Bekleidungen und Belägen aus Fliesen und Platten versehen, reicht das Füllen der Fugen aus. Dabei sind das Glätten sowie das seitliche Verziehen des Spachtelmaterials über den unmittelbaren Fugenbereich hinaus zu vermeiden.

Tabelle 3.2:   (Fortsetzung)

Qualitätsstufe GPQ2 (Standardausführung)	
Arbeitsschritte	**geeignete Oberflächengestaltung**
Die Standardverspachtelung (GPQ2) genügt den üblichen Anforderungen an Wand- und Deckenflächen. Die Verspachtelung umfasst: ● das Füllen der Stoßfugen zwischen den Gipsplatten, ● das Überziehen der sichtbaren Teile der Befestigungsmittel, ● das Abstoßen von überstehendem Spachtelmaterial, ● das Nachspachteln (Feinspachteln, Finish), bis ein stufenloser Übergang zur Plattenoberfläche hergestellt ist, ● in der Regel ein Schleifen der verspachtelten Bereiche.	Bekleidungen: ● mittel und grob strukturierte Wandbekleidungen, z. B. Raufasertapeten mit mittlerer oder grober Körnung ● fein strukturierte Wandbekleidungen, z. B. Vliestapeten ● Glasfasergewebe Putze: ● dekorative Oberputze Beschichtungen: ● stumpfmatte bis matte Anstriche/Beschichtungen, z. B. Dispersions-, Silikatanstriche, nach DIN EN 13300 ● Beschichtungen mit putzartigem Aussehen ● Beschichtungen mit silikatischen Füllstoffen

Anforderungen

Anforderungen an die Ebenheit der Flächen:
● Vereinbarte Beschaffenheit; es ist erforderlich, Anforderungen an die Ebenheit zu vereinbaren.
● Die Messpunktabstände sollten mindestens 2,0 m betragen. Bei Messpunktabständen von 2,0 m beträgt das Stichmaß max. 4,0 mm.
● Bei Wänden und Decken mit geringerer Breite sind die max. möglichen Messpunktabstände zu wählen und das Stichmaß ist an die geringere Breite anzupassen. Dies entspricht erhöhten Anforderungen an die Ebenheit und Maßhaltigkeit.
● Fugenbereiche sollen der Plattenoberfläche durch die Verspachtelung stufenlos übergehend angeglichen werden, was auch für Befestigungsmittel, Innen- und Außenecken sowie für Anschlüsse gilt.
● Bei Bedarf sind „andere Genauigkeiten" und Anforderungen an die Ebenheit, entsprechend den Ansprüchen von Auftraggebern und der handwerklichen Umsetzbarkeit, zu vereinbaren.
● Sollten von Auftraggebern objektspezifische „andere Genauigkeiten" gefordert werden, die z. B. in Teilbereichen über der Standardausführung GPQ2 liegen, sind diese „anderen Genauigkeiten" ausführlich zu beschreiben und zu vereinbaren. Dies gilt auch, wenn die Einhaltung der Qualitätsstufe GPQ2 in Teilbereichen nicht erforderlich ist und unterschritten werden soll.
● Bereits beim Trockenbau ist es erforderlich, erhöhte Anforderungen an die Ebenheit und an die Maßhaltigkeit (Messpunktabstände mindestens 2,0 m) nach Tabelle 3, Zeilen 4 und 7 DIN 18202 zu stellen.

Anforderungen bei der Einwirkung von natürlichem oder künstlichem Streiflicht:
Bei der Wahl der Standardverspachtelung als Grundlage für Wand- oder Deckenbekleidungen, Anstriche und Beschichtungen können Abzeichnungen, insbesondere bei der Einwirkung von Streiflicht und künstlichem Licht in Form von sich abzeichnenden leichten Strukturunterschieden, glatteres Aussehen der Spachtelstellen als der Gipsplattenoberfläche, leichte Schattierungen und leichte wellenförmige Abzeichnungen insbesondere im Übergang der verspachtelten Fugenbereichen zur Gipsplatte sowie Abweichungen in der Ebenheit nicht ausgeschlossen werden.

optische Anforderungen an die Oberfläche:
● Es dürfen keine Bearbeitungsabdrücke oder Spachtelgrate sichtbar bleiben.
● Bei fein strukturierten Wandbekleidungen (Vliestapeten) können sich kleinere untergrundbedingte Unregelmäßigkeiten abzeichnen.
● Die Oberflächen müssen gemäß Abschnitt 3.1.4 ATV DIN 18363 „Maler- und Lackierarbeiten – Beschichtungen" (2019) *„entsprechend der Art des Beschichtungsstoffes und des angewendeten Verfahrens gleichmäßig ohne Ansätze und Streifen erscheinen."*

zu beachtende Besonderheiten:
Strukturierte Wandbekleidungen (z. B. Raufasertapeten), Putze, Beschichtungen mit putzartigem Aussehen oder silikatischen Füllstoffen können Abzeichnungen bei Streiflicht reduzieren und kleinere Unregelmäßigkeiten im Untergrund (z. B. Kratzer, Poren u. Ä.) überdecken.

Tabelle 3.2: (Fortsetzung)

Qualitätsstufe GPQ3

Arbeitsschritte	geeignete Oberflächengestaltung
Zusätzliche, über Grund- und Standardverspachtelung hinausgehende Maßnahmen sind erforderlich, wenn erhöhte Anforderungen an die gespachtelte Oberfläche gestellt werden. Die Verspachtelung nach Qualitätsstufe GPQ3 umfasst: • die Grundverspachtelung (GPQ1), • die Standardverspachtelung (GPQ2) mit einem breiteren Ausspachteln der Fugen, • ein scharfes Abziehen der restlichen Plattenoberfläche mit Spachtelmaterial zum Glätten (Angleichen an die gespachtelten Fugenbereiche), • in der Regel ein Schleifen der verspachtelten Bereiche.	Bekleidungen: • mittel und grob strukturierte Wandbekleidungen, z. B. Raufasertapeten mit mittlerer oder grober Körnung • fein strukturierte Wandbekleidungen, z. B. Vliestapeten • Glasfasergewebe Putze: • dekorative Oberputze Beschichtungen: • stumpfmatte bis matte Anstriche/Beschichtungen, z. B. Dispersions-, Silikatanstriche, nach DIN EN 13300 • Beschichtungen mit putzartigem Aussehen • Beschichtungen mit silikatischen Füllstoffen

Anforderungen

Anforderungen an die Ebenheit der Flächen:
• Vereinbarte Beschaffenheit; es ist erforderlich, Anforderungen an die Ebenheit zu vereinbaren.
• Die Messpunktabstände sollten mindestens 2,0 m betragen. Bei Messpunktabständen von 2,0 m beträgt das Stichmaß max. 4,0 mm.
• Bei Wänden und Decken mit geringerer Breite sind die max. möglichen Messpunktabstände zu wählen und das Stichmaß ist an die geringere Breite anzupassen. Dies entspricht erhöhten Anforderungen an die Ebenheit und Maßhaltigkeit.
• Fugenbereiche sollen der Plattenoberfläche durch die Verspachtelung stufenlos übergehend angeglichen werden, was auch für Befestigungsmittel, Innen- und Außenecken sowie für Anschlüsse gilt.
• Bei Bedarf sind „andere Genauigkeiten" und Anforderungen an die Ebenheit, entsprechend den Ansprüchen von Auftraggebern und der handwerklichen Umsetzbarkeit, zu vereinbaren.
• Sollten von Auftraggebern objektspezifische „andere Genauigkeiten" gefordert werden, die z. B. in Teilbereichen über der Qualitätsstufe GPQ3 liegen, sind diese „anderen Genauigkeiten" ausführlich zu beschreiben und zu vereinbaren. Dies gilt auch, wenn die Einhaltung der Qualitätsstufe GPQ3 in Teilbereichen nicht erforderlich ist und unterschritten werden soll.
• Bereits beim Trockenbau ist es erforderlich, erhöhte Anforderungen an die Ebenheit und an die Maßhaltigkeit (Messpunktabstände mindestens 2,0 m) nach Tabelle 3, Zeilen 4 und 7 DIN 18202 zu stellen.

Anforderungen bei der Einwirkung von natürlichem oder künstlichem Streiflicht:
• Bereits ab der Qualitätsstufe GPQ3 ist es zu empfehlen, im Leistungsverzeichnis anzugeben, welche Beleuchtungsverhältnisse bei der späteren Nutzung auf die Fläche einwirken. Wenn bei der späteren Nutzung natürliches oder künstliches Streiflicht auf die Oberflächen einwirkt, sollten die Beleuchtungsverhältnisse, wie sie bei der späteren Nutzung auftreten, bereits im Leistungsverzeichnis beschrieben und bei der Ausführung der Arbeiten simuliert werden. Dies stellt eine besonders zu vergütende Leistung dar.
• Auch bei der Verspachtelung der Qualitätsstufe GPQ3 sind bei Streiflicht sichtbar werdende Unebenheiten in den Oberflächen in Form von leichten Schattierungen und leichten wellenförmigen Abzeichnungen, insbesondere im Übergang der Gipsplatte zu den verspachtelten Fugenbereichen, sowie Abweichungen in der Ebenheit nicht auszuschließen. Grad und Umfang solcher Abzeichnungen sind jedoch gegenüber der Standardverspachtelung GPQ2 geringer.

optische Anforderungen an die Oberfläche:
• Es dürfen keine Bearbeitungsabdrücke oder Spachtelgrate sichtbar bleiben.
• Die Kartonoberfläche muss eine gleichmäßige Oberflächenstruktur (Glätte) aufweisen.
• Bei fein strukturierten Wandbekleidungen (Vliestapeten) zeichnen sich kaum untergrundbedingte Unregelmäßigkeiten (glatte und rauere Stellen, Kratzer, Poren) ab.
• Die Oberflächen müssen gemäß Abschnitt 3.1.4 ATV DIN 18363 *„entsprechend der Art des Beschichtungsstoffes und des angewendeten Verfahrens gleichmäßig ohne Ansätze und Streifen erscheinen."*

Alternativen:
Alternativ zum scharfen Abziehen der Plattenoberfläche können, in Abhängigkeit von der vereinbarten Schlussbeschichtung, auch Beschichtungen mit putzartigem Aussehen, wie z. B. Streichputze oder Beschichtungen mit silikatischen Füllstoffen aufgebracht werden, die für diesen Einsatzbereich von dem Hersteller freigegeben werden.

zu beachtende Besonderheiten:
Strukturierte Wandbekleidungen, Putze, matte und gefüllte Anstriche können das Erscheinungsbild von Abzeichnungen bei Streiflicht reduzieren.

Tabelle 3.2:   (Fortsetzung)

Qualitätsstufe GPQ4	
Arbeitsschritte	**geeignete Oberflächengestaltung**
Um hohe Anforderungen an die gespachtelte Oberfläche zu erfüllen, umfasst die Qualitätsstufe GPQ4 folgende Arbeitsschritte: • die Grundverspachtelung (GPQ1), • die Standardverspachtelung (GPQ2) mit einem breiteren Ausspachteln der Fugen, • eine Vollflächenspachtelung oder ein Abstucken und Glätten der gesamten Plattenoberfläche mit einem dafür geeigneten Material (Schichtdicke > 1,0 mm), • in der Regel ein Schleifen der verspachtelten Bereiche.	Bekleidungen: • mittel und grob strukturierte Wandbekleidungen, z. B. Raufasertapeten mit mittlerer oder grober Körnung • fein strukturierte Wandbekleidungen, z. B. Vliestapeten • glatte oder fein strukturierte Wandbekleidungen mit Glanz, z. B. Metall- oder Vinyltapeten • Glasfasergewebe • sonstige glatte oder fein strukturierte Wandbekleidungen mit Glanz Putze: • dekorative Oberputze • Stuccolustro oder andere hochwertige Glätt-Techniken Beschichtungen: • stumpfmatte, matte Anstriche/Beschichtungen, z. B. Dispersions-, Silikatanstriche, bis zum mittleren Glanz nach DIN EN 13300 • Beschichtungen mit putzartigem Aussehen • Beschichtungen mit silikatischen Füllstoffen

Anforderungen

Anforderungen an die Ebenheit der Flächen:
• Vereinbarte Beschaffenheit; es ist erforderlich, erhöhte Anforderungen an die Ebenheit zu vereinbaren.
• Die Messpunktabstände sollten mindestens 2,0 m betragen. Bei Messpunktabständen von 2,0 m beträgt das Stichmaß max. 3,0 mm.
• Bei Wänden und Decken mit geringerer Breite sind die max. möglichen Messpunktabstände zu wählen und das Stichmaß ist an die geringere Breite anzupassen. Dies entspricht erhöhten Anforderungen an die Ebenheit und Maßhaltigkeit.
• Fugenbereiche sollen der Plattenoberfläche durch die Verspachtelung stufenlos übergehend angeglichen werden, was auch für Befestigungsmittel, Innen- und Außenecken sowie für Anschlüsse gilt.
• Bei Bedarf sind „andere Genauigkeiten" und Anforderungen an die Ebenheit, entsprechend den Ansprüchen von Auftraggebern und der handwerklichen Umsetzbarkeit, zu vereinbaren.
• Sollten von Auftraggebern objektspezifische „andere Genauigkeiten" gefordert werden, die z. B. in Teilbereichen über der Qualitätsstufe GPQ4 liegen, sind diese „anderen Genauigkeiten" ausführlich zu beschreiben und zu vereinbaren. Dies gilt auch, wenn die Einhaltung der Qualitätsstufe GPQ4 in Teilbereichen nicht erforderlich ist und unterschritten werden soll.
• Bereits beim Trockenbau ist es erforderlich, erhöhte Anforderungen an die Ebenheit und an die Maßhaltigkeit (Messpunktabstände mindestens 2,0 m) nach Tabelle 3, Zeilen 4 und 7 DIN 18202 zu stellen.

Anforderungen bei der Einwirkung von natürlichem oder künstlichem Streiflicht:
• Grundsätzlich müssen die Beleuchtungsverhältnisse, wie sie bei der späteren Nutzung vorgesehen sind und auf die Oberflächen einwirken, im Leistungsverzeichnis beschrieben und bereits während der Spachtelarbeiten installiert oder zumindest unter Zuhilfenahme eines geeigneten Leuchtmittels (LED-, Halogenscheinwerfers) imitiert werden. Dies stellt eine besonders zu vergütende Leistung dar.
• Berücksichtigt werden müssen die Grenzen der handwerklichen Ausführung vor Ort.
• Die Möglichkeit von Abzeichnungen an der Plattenoberfläche und der Fugen wird durch diese Oberflächenbehandlung auch bei der Einwirkung von natürlichem oder künstlichem Streiflicht zu einem hohen Grad minimiert.
• Bei der Einwirkung von natürlichem oder künstlichem Streiflicht werden unerwünschte Effekte (z. B. wechselnde Schattierungen auf der Oberfläche oder minimale örtliche Markierungen) auf der fertigen Oberfläche weitgehend vermieden, sind aber nicht völlig auszuschließen.

optische Anforderungen an die Oberfläche:
• Es dürfen keine Bearbeitungsabdrücke oder Spachtelgrate sichtbar bleiben.
• Bei fein strukturierten Wandbekleidungen (Vliestapeten) zeichnen sich keine untergrundbedingten Unregelmäßigkeiten (glatte und rauere Stellen, Kratzer, Poren) ab.
• Poren müssen geschlossen sein.
• Unebenheiten sind kaum ersichtlich.
• Bearbeitungspuren sind kaum ersichtlich.
• Die Oberflächen müssen gemäß Abschnitt 3.1.4 ATV DIN 18363 „entsprechend der Art des Beschichtungsstoffes und des angewendeten Verfahrens gleichmäßig ohne Ansätze und Streifen erscheinen."

zu beachtende Besonderheiten:
• Strukturierte Wandbekleidungen, Putze, matte und gefüllte Anstriche können das Erscheinungsbild von Abzeichnungen bei Streiflicht reduzieren.
• In Abhängigkeit von Ansprüchen der Auftraggeber können weitere Maßnahmen zur Vorbereitung der Oberfläche (GPQ4 plus) erforderlich sein, z. B. für Schlussbeschichtungen mit:
  – glänzenden Beschichtungen und Lackierungen,
  – Lacktapeten.

Tabelle 3.2:   (Fortsetzung)

Qualitätsstufe GPQ4 plus

Arbeitsschritte	geeignete Oberflächengestaltung
Die Qualitätsstufe GPQ4 plus stellt höchste Ansprüche an die Oberfläche dar. Die Qualitätsstufe GPQ4 plus umfasst folgende Arbeitsschritte: • die Grundverspachtelung (GPQ1), • die Standardverspachtelung (GPQ2) mit einem breiteren Ausspachteln der Fugen, • eine Vollflächenspachtelung oder ein Abstucken und Glätten der gesamten Plattenoberfläche mit einem dafür geeigneten Material (Schichtdicke > 1,0 mm), • zusätzliches Nachspachteln und Schleifen, auch einzelner Bereiche der Oberflächen, bis eine ebene und glatte Oberfläche entsteht, die über die Qualitätsstufe GPQ4 hinausgeht.	Bekleidungen: • mittel und grob strukturierte Wandbekleidungen, z. B. Raufasertapeten mit mittlerer oder grober Körnung • fein strukturierte Wandbekleidungen, z. B. Vliestapeten • glatte oder fein strukturierte Wandbekleidungen mit Glanz, z. B. Metall- oder Vinyltapeten • Glasfasergewebe • sonstige glatte oder fein strukturierte Wandbekleidungen mit Glanz Putze: • dekorative Oberputze • Stuccolustro oder andere hochwertige Glätt-Techniken Beschichtungen: • stumpfmatte, matte Anstriche/Beschichtungen, z. B. Dispersions-, Silikatanstriche, bis zum Glanz nach DIN EN 13300 • Beschichtungen mit putzartigem Aussehen • Beschichtungen mit silikatischen Füllstoffen

Anforderungen

Anforderungen an die Ebenheit der Flächen:
• Vereinbarte Beschaffenheit; es ist erforderlich, erhöhte Anforderungen an die Ebenheit und an die Maßhaltigkeit zu vereinbaren.
• Die Messpunktabstände sollten mindestens 2,0 m betragen. Bei Messpunktabständen von 2,0 m beträgt das Stichmaß ≤ 2,0 mm.
• Bei Wänden und Decken mit geringerer Breite sind die max. möglichen Messpunktabstände zu wählen und das Stichmaß ist an die geringere Breite anzupassen. Dies entspricht erhöhten Anforderungen an die Ebenheit und Maßhaltigkeit.
• Fugenbereiche sollen der Plattenoberfläche durch die Verspachtelung stufenlos übergehend angeglichen werden, was auch für Befestigungsmittel, Innen- und Außenecken sowie für Anschlüsse gilt.
• Bei Bedarf sind „andere Genauigkeiten" und Anforderungen an die Ebenheit, entsprechend den Ansprüchen von Auftraggeber und der handwerklichen Umsetzbarkeit, zu vereinbaren.
• Bereits beim Trockenbau ist es erforderlich, erhöhte Anforderungen an die Ebenheit und an die Maßhaltigkeit (Messpunktabstände mindestens 2,0 m) nach Tabelle 3, Zeilen 4 und 7 DIN 18202 oder höher zu stellen.

Anforderungen bei der Einwirkung von natürlichem oder künstlichem Streiflicht:
• Grundsätzlich müssen die Beleuchtungsverhältnisse, wie sie bei der späteren Nutzung vorgesehen sind und auf die Oberflächen einwirken, im Leistungsverzeichnis beschrieben und bereits während der Spachtelarbeiten installiert oder zumindest unter Zuhilfenahme eines geeigneten Leuchtmittels (LED-, Halogenscheinwerfers) imitiert werden. Dies stellt eine besonders zu vergütende Leistung dar.
• Berücksichtigt werden müssen die Grenzen der handwerklichen Ausführung vor Ort.
• Die Möglichkeit von Abzeichnungen an der Plattenoberfläche und der Fugen wird durch diese Oberflächenbehandlung auch bei der Einwirkung von natürlichem oder künstlichem Streiflicht im höchsten Grad minimiert.

optische Anforderungen an die Oberfläche:
• Es dürfen keine Bearbeitungsabdrücke oder Spachtelgrate sichtbar bleiben.
• Bei fein strukturierten Wandbekleidungen (Vliestapeten) zeichnen sich keine untergrundbedingten Unregelmäßigkeiten (glatte und rauere Stellen, Kratzer, Poren) ab.
• Poren müssen geschlossen sein.
• Unebenheiten sind kaum ersichtlich.
• Bearbeitungsspuren sind nicht ersichtlich.
• Die Oberflächen müssen gemäß Abschnitt 3.1.4 ATV DIN 18363 „entsprechend der Art des Beschichtungsstoffes und des angewendeten Verfahrens gleichmäßig ohne Ansätze und Streifen erscheinen."

zu beachtende Besonderheiten:
• Dieser Untergrund ist für die Ausführung aller auf den Untergrund abgestimmten und von dem jeweiligen Hersteller empfohlenen Beschichtungen und Beläge geeignet.
• Strukturierte Wandbekleidungen, Putze, matte und gefüllte Anstriche können das Erscheinungsbild von Abzeichnungen bei Streiflicht reduzieren.
• Der erforderliche Arbeitsaufwand ist abhängig von den Untergrundgegebenheiten, den spezifischen Gegebenheiten, die auf die jeweilige Fläche einwirken, und den zu erwartenden Lichtverhältnissen.
• Bei der Qualitätsstufe GPQ4 plus handelt es sich um eine besonders zu vergütende Leistung.
• Die Ausführung erfolgt mit hochwertigen Produkten und speziellen kurzflorigen Farbwalzen (bei glatten Untergründen immer zu empfehlen) oder nach Möglichkeit im Spritzverfahren.

3.2.2 Gipsfaserplatten

Tabelle 3.3: Arbeitsschritte, Anforderungen und geeignete Oberflächengestaltungen für die Qualitätsstufen GFQ1 bis GFQ4 plus (Quelle: neu zusammengestellt nach IGG-Merkblatt Nr. 2.1 „Verspachtelung von Gipsfaser- platten – Oberflächengüten" [2017])

Qualitätsstufe GFQ1	
Arbeitsschritte	**geeignete Oberflächengestaltung**
Eine Grundverspachtelung (GFQ1) ist für Oberflächen, an die keine optischen (dekorativen) Anforderungen gestellt wer- den, ausreichend. Die Verspachtelung umfasst: • das Füllen der Stoßfugen zwischen den Gipsplatten, • das Überziehen der sichtbaren Teile der Befestigungsmit- tel (Abb. 3.8), • das Abstoßen von überstehendem Spachtelmaterial.	Beläge: • Fliesen und Platten • Wandbeläge aus Keramik • Glas • Naturwerkstein
Anforderungen	

Anforderungen an die Ebenheit der Flächen:
• vereinbarte Beschaffenheit
• In der Regel beträgt das zulässige Stichmaß gemäß DIN 18202 bei Messpunktabständen von 2,0 m max. 7,0 mm.

Anforderungen bei der Einwirkung von natürlichem oder künstlichem Streiflicht:
ohne Anforderungen

optische Anforderungen an die Oberfläche:
• ohne optische Anforderungen an die Oberfläche
• Abzeichnungen, die werkzeugbedingt sind, Riefen und Grate dürfen deutlich sichtbar sein.

zu beachtende Besonderheiten:
• Sieht das gewählte Verspachtelungssystem (abgeflachte Kante) Fugendeckstreifen (Bewehrungsstreifen) vor, so schließt die Grundverspachtelung das Einlegen der Fugendeckstreifen ein.
• Bei den unteren Plattenlagen mehrlagiger Beplankungen müssen die Stoß- und Anschlussfugen gefüllt werden. Dafür können je nach Fugenausbildung und Spachtelmasse mehrere Arbeitsgänge erforderlich sein.
• Bei den unteren Plattenlagen kann auf das Überspachteln der Befestigungsmittel verzichtet werden.
• Bei stumpf gestoßenen, scharfkantigen Gipsfaserplatten kann auf das Füllen der Plattenfugen verzichtet werden.
• Werden die Flächen später mit Bekleidungen und Belägen aus Fliesen und Platten versehen, reicht das Füllen der Fugen aus. Dabei sind das Glätten sowie das seitliche Verziehen des Spachtelmaterials über den unmittelbaren Fugenbereich hinaus zu vermeiden.

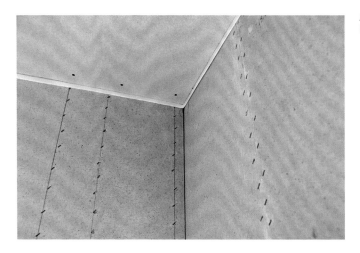

Abb. 3.8: Gipsfaserplatten mit Befestigungsmitteln

Tabelle 3.3: (Fortsetzung)

Qualitätsstufe GFQ2 (Standardausführung)

Arbeitsschritte	geeignete Oberflächengestaltung
Die Standardverspachtelung (GFQ2) genügt den üblichen Anforderungen an Wand- und Deckenflächen. Die Verspachtelung umfasst: • das Füllen der Stoßfugen zwischen den Gipsfaserplatten, • das Überziehen der sichtbaren Teile der Befestigungsmittel, • das Abstoßen von überstehendem Spachtelmaterial, • das Nachspachteln (Feinspachteln, Finish), bis ein stufenloser Übergang zur Plattenoberfläche hergestellt ist, • in der Regel ein Schleifen der verspachtelten Bereiche.	Bekleidungen: • mittel und grob strukturierte Wandbekleidungen, z.B. Raufasertapeten mit mittlerer oder grober Körnung • fein strukturierte Wandbekleidungen, z.B. Vliestapeten • Glasfasergewebe Putze: • dekorative Oberputze Beschichtungen: • stumpfmatte bis matte Anstriche/Beschichtungen, z.B. Dispersions-, Silikatanstriche, nach DIN EN 13300 • Beschichtungen mit putzartigem Aussehen • Beschichtungen mit silikatischen Füllstoffen

Anforderungen

Anforderungen an die Ebenheit der Flächen:
• Vereinbarte Beschaffenheit; es ist erforderlich, Anforderungen an die Ebenheit zu vereinbaren.
• Die Messpunktabstände sollten mindestens 2,0 m betragen. Bei Messpunktabständen von 2,0 m beträgt das Stichmaß max. 4,0 mm.
• Bei Wänden und Decken mit geringerer Breite sind die max. möglichen Messpunktabstände zu wählen und das Stichmaß ist an die geringere Breite anzupassen. Dies entspricht erhöhten Anforderungen an die Ebenheit und Maßhaltigkeit.
• Fugenbereiche sollen der Plattenoberfläche durch die Verspachtelung stufenlos übergehend angeglichen werden, was auch für Befestigungsmittel, Innen- und Außenecken sowie für Anschlüsse gilt.
• Bei Bedarf sind „andere Genauigkeiten" und Anforderungen an die Ebenheit, entsprechend den Ansprüchen von Auftraggebern und der handwerklichen Umsetzbarkeit, zu vereinbaren.
• Sollten von Auftraggebern objektspezifische „andere Genauigkeiten" gefordert werden, die z.B. in Teilbereichen über der Standardausführung GFQ2 liegen, sind diese „anderen Genauigkeiten" ausführlich zu beschreiben und zu vereinbaren. Dies gilt auch, wenn die Einhaltung der Qualitätsstufe GFQ2 in Teilbereichen nicht erforderlich ist und unterschritten werden soll.
• Bereits beim Trockenbau ist es erforderlich, erhöhte Anforderungen an die Ebenheit und an die Maßhaltigkeit (Messpunktabstände mindestens 2,0 m) nach Tabelle 3, Zeilen 4 und 7 DIN 18202 zu stellen.

Anforderungen bei der Einwirkung von natürlichem oder künstlichem Streiflicht:
Bei der Wahl der Standardverspachtelung als Grundlage für Wand- oder Deckenbekleidungen, Anstriche und Beschichtungen können Abzeichnungen, insbesondere bei der Einwirkung von Streiflicht und künstlichem Licht in Form von sich abzeichnenden leichten Strukturunterschieden, glatteres Aussehen der Spachtelstellen als der Gipsfaseroberfläche, leichte Schattierungen und leichte wellenförmige Abzeichnungen insbesondere im Übergang der verspachtelten Fugenbereichen zur Gipsfaserplatte sowie Abweichungen in der Ebenheit nicht ausgeschlossen werden.

optische Anforderungen an die Oberfläche:
• Es dürfen keine Bearbeitungsabdrücke oder Spachtelgrate sichtbar bleiben.
• Bei fein strukturierten Wandbekleidungen (Vliestapeten) können sich kleinere untergrundbedingte Unregelmäßigkeiten abzeichnen.
• Die Oberflächen müssen gemäß Abschnitt 3.1.4 ATV DIN 18363 *„entsprechend der Art des Beschichtungsstoffes und des angewendeten Verfahrens gleichmäßig ohne Ansätze und Streifen erscheinen."*

zu beachtende Besonderheiten:
Strukturierte Wandbekleidungen (z.B. Raufasertapeten), Putze, Beschichtungen mit putzartigem Aussehen oder silikatischen Füllstoffen können Abzeichnungen bei Streiflicht reduzieren und kleinere Unregelmäßigkeiten im Untergrund (z.B. Kratzer, Poren u.Ä.) überdecken.

Tabelle 3.3: (Fortsetzung)

Qualitätsstufe GFQ3	
Arbeitsschritte	**geeignete Oberflächengestaltung**
Zusätzliche, über Grund- und Standardverspachtelung hinausgehende Maßnahmen sind erforderlich, wenn erhöhte Anforderungen an die gespachtelte Oberfläche gestellt werden. Die Verspachtelung nach Qualitätsstufe GFQ3 umfasst: • die Grundverspachtelung (GFQ1), • die Standardverspachtelung (GFQ2) mit einem breiteren Ausspachteln der Fugen, • ein scharfes Abziehen der restlichen Plattenoberfläche zum Glätten (Angleichen an die gespachtelten Fugenbereiche) mit Spachtelmaterial, • in der Regel ein Schleifen der verspachtelten Bereiche.	Bekleidungen: • mittel und grob strukturierte Wandbekleidungen, z. B. Raufasertapeten mit mittlerer oder grober Körnung • fein strukturierte Wandbekleidungen, z. B. Vliestapeten • Glasfasergewebe Putze: • dekorative Oberputze Beschichtungen: • stumpfmatte bis matte Anstriche/Beschichtungen, z. B. Dispersions-, Silikatanstriche, nach DIN EN 13300 • Beschichtungen mit putzartigem Aussehen • Beschichtungen mit silikatischen Füllstoffen

Anforderungen

Anforderungen an die Ebenheit der Flächen:
• Vereinbarte Beschaffenheit; es ist erforderlich, Anforderungen an die Ebenheit zu vereinbaren.
• Die Messpunktabstände sollten mindestens 2,0 m betragen. Bei Messpunktabständen von 2,0 m beträgt das Stichmaß max. 4,0 mm.
• Bei Wänden und Decken mit geringerer Breite sind die max. möglichen Messpunktabstände zu wählen und das Stichmaß ist an die geringere Breite anzupassen. Dies entspricht erhöhten Anforderungen an die Ebenheit und Maßhaltigkeit.
• Fugenbereiche sollen der Plattenoberfläche durch die Verspachtelung stufenlos übergehend angeglichen werden, was auch für Befestigungsmittel, Innen- und Außenecken sowie für Anschlüsse gilt.
• Bei Bedarf sind „andere Genauigkeiten" und Anforderungen an die Ebenheit, entsprechend den Ansprüchen von Auftraggebern und der handwerklichen Umsetzbarkeit, zu vereinbaren.
• Sollten von Auftraggebern objektspezifische „andere Genauigkeiten" gefordert werden, die z. B. in Teilbereichen über der Qualitätsstufe GFQ3 liegen, sind diese „anderen Genauigkeiten" ausführlich zu beschreiben und zu vereinbaren. Dies gilt auch, wenn die Einhaltung der Qualitätsstufe GFQ3 in Teilbereichen nicht erforderlich ist und unterschritten werden soll.
• Bereits beim Trockenbau ist es erforderlich, erhöhte Anforderungen an die Ebenheit und an die Maßhaltigkeit (Messpunktabstände mindestens 2,0 m) nach Tabelle 3, Zeilen 4 und 7 DIN 18202 zu stellen.

Anforderungen bei der Einwirkung von natürlichem oder künstlichem Streiflicht:
• Bereits ab der Qualitätsstufe GFQ3 ist es zu empfehlen, im Leistungsverzeichnis anzugeben, welche Beleuchtungsverhältnisse bei der späteren Nutzung auf die Fläche einwirken. Wenn bei der späteren Nutzung natürliches oder künstliches Streiflicht auf die Oberflächen einwirkt, sollten die Beleuchtungsverhältnisse, wie sie bei der späteren Nutzung auftreten, bereits im Leistungsverzeichnis beschrieben und bei der Ausführung der Arbeiten simuliert werden. Dies stellt eine besonders zu vergütende Leistung dar.
• Auch bei der Qualitätsstufe GFQ3 sind bei Streiflicht sichtbar werdende Unebenheiten in den Oberflächen in Form von leichten Schattierungen und leichten wellenförmigen Abzeichnungen, insbesondere im Übergang der Gipsfaserplatte zu den verspachtelten Fugenbereichen, sowie Abweichungen in der Ebenheit nicht auszuschließen. Grad und Umfang solcher Abzeichnungen sind jedoch gegenüber der Standardausführung GFQ2 geringer.

optische Anforderungen an die Oberfläche:
• Es dürfen keine Bearbeitungsabdrücke oder Spachtelgrate sichtbar bleiben.
• Die Gipsfaseroberfläche muss eine gleichmäßige Oberflächenstruktur (Glätte) aufweisen.
• Bei fein strukturierten Wandbekleidungen (Vliestapeten) zeichnen sich untergrundbedingte Unregelmäßigkeiten (glatte und rauere Stellen, Kratzer, Poren) kaum ab.
• Die Oberflächen müssen gemäß Abschnitt 3.1.4 ATV DIN 18363 „entsprechend der Art des Beschichtungsstoffes und des angewendeten Verfahrens gleichmäßig ohne Ansätze und Streifen erscheinen."

Alternativen:
Alternativ zum scharfen Abziehen der Plattenoberfläche können, in Abhängigkeit von der vereinbarten Schlussbeschichtung, auch Beschichtungen mit putzartigem Aussehen, wie z. B. Streichputze oder Beschichtungen mit silikatischen Füllstoffen, aufgebracht werden, die für diesen Einsatzbereich von dem Hersteller freigegeben werden.

zu beachtende Besonderheiten:
Strukturierte Wandbekleidungen, Putze, matte und gefüllte Anstriche können das Erscheinungsbild von Abzeichnungen bei Streiflicht reduzieren.

Tabelle 3.3: (Fortsetzung)

Qualitätsstufe GFQ4

Arbeitsschritte	geeignete Oberflächengestaltung
Um hohe Anforderungen an die gespachtelte Oberfläche zu erfüllen, umfasst die Qualitätsstufe GFQ4 folgende Arbeitsschritte: • die Grundverspachtelung (GFQ1), • die Standardverspachtelung (GFQ2) mit einem breiteren Ausspachteln der Fugen, • eine Vollflächenspachtelung oder ein Abstucken und Glätten der gesamten Plattenoberfläche mit einem dafür geeigneten Material (Schichtdicke > 1,0 mm), • in der Regel ein Schleifen der verspachtelten Bereiche.	Bekleidungen: • mittel und grob strukturierte Wandbekleidungen, z.B. Raufasertapeten mit mittlerer oder grober Körnung • fein strukturierte Wandbekleidungen, z.B. Vliestapeten • glatte oder fein strukturierte Wandbekleidungen mit Glanz, z.B. Metall- oder Vinyltapeten • Glasfasergewebe • sonstige glatte oder fein strukturierte Wandbekleidungen mit Glanz Putze: • dekorative Oberputze • Stuccolustro oder andere hochwertige Glätt-Techniken Beschichtungen: • stumpfmatte, matte Anstriche/Beschichtungen, z.B. Dispersions-, Silikatanstriche, bis zum mittleren Glanz nach DIN EN 13300 • Beschichtungen mit putzartigem Aussehen • Beschichtungen mit silikatischen Füllstoffen

Anforderungen

Anforderungen an die Ebenheit der Flächen:
- Vereinbarte Beschaffenheit; es ist erforderlich, erhöhte Anforderungen an die Ebenheit zu vereinbaren.
- Die Messpunktabstände sollten mindestens 2,0 m betragen. Bei Messpunktabständen von 2,0 m beträgt das Stichmaß max. 3,0 mm.
- Bei Wänden und Decken mit geringerer Breite sind die max. möglichen Messpunktabstände zu wählen und das Stichmaß ist an die geringere Breite anzupassen. Dies entspricht erhöhten Anforderungen an die Ebenheit und Maßhaltigkeit.
- Fugenbereiche sollen der Plattenoberfläche durch die Verspachtelung stufenlos übergehend angeglichen werden, was auch für Befestigungsmittel, Innen- und Außenecken sowie für Anschlüsse gilt.
- Bei Bedarf sind „andere Genauigkeiten" und Anforderungen an die Ebenheit, entsprechend den Ansprüchen von Auftraggebern und der handwerklichen Umsetzbarkeit, zu vereinbaren.
- Sollten von Auftraggebern objektspezifische „andere Genauigkeiten" gefordert werden, die z.B. in Teilbereichen über der Qualitätsstufe GFQ4 liegen, sind diese „anderen Genauigkeiten" ausführlich zu beschreiben und zu vereinbaren. Dies gilt auch, wenn die Einhaltung der Qualitätsstufe GFQ4 in Teilbereichen nicht erforderlich ist und unterschritten werden soll.
- Bereits beim Trockenbau ist es erforderlich, erhöhte Anforderungen an die Ebenheit und an die Maßhaltigkeit (Messpunktabstände mindestens 2,0 m) nach Tabelle 3, Zeilen 4 und 7 DIN 18202 zu stellen.

Anforderungen bei der Einwirkung von natürlichem oder künstlichem Streiflicht:
- Grundsätzlich müssen die Beleuchtungsverhältnisse, wie sie bei der späteren Nutzung vorgesehen sind und auf die Oberflächen einwirken, im Leistungsverzeichnis beschrieben und bereits während der Spachtelarbeiten installiert oder zumindest unter Zuhilfenahme eines geeigneten Leuchtmittels (LED-, Halogenscheinwerfers) imitiert werden. Dies stellt eine besonders zu vergütende Leistung dar.
- Berücksichtigt werden müssen die Grenzen der handwerklichen Ausführung vor Ort.
- Die Möglichkeit von Abzeichnungen an der Plattenoberfläche und der Fugen wird durch diese Oberflächenbehandlung auch bei der Einwirkung von natürlichem oder künstlichem Streiflicht zu einem hohen Grad minimiert.
- Bei der Einwirkung von natürlichem oder künstlichem Streiflicht werden unerwünschte Effekte (z.B. wechselnde Schattierungen auf der Oberfläche oder minimale örtliche Markierungen) auf der fertigen Oberfläche weitgehend vermieden, sind aber nicht völlig auszuschließen.

optische Anforderungen an die Oberfläche:
- Es dürfen keine Bearbeitungsabdrücke oder Spachtelgrate sichtbar bleiben.
- Die Verspachtelung soll Fugenbereiche durch stufenlose Übergänge der Plattenoberfläche angleichen. Dies gilt ebenso für Innen- und Außenecken sowie Anschlüsse.
- Bei fein strukturierten Wandbekleidungen (Vliestapeten) zeichnen sich keine untergrundbedingten Unregelmäßigkeiten (glatte und rauere Stellen, Kratzer, Poren) ab.
- Poren müssen geschlossen sein.
- Unebenheiten sind kaum ersichtlich.
- Bearbeitungsspuren sind kaum ersichtlich.
- Die Oberflächen müssen gemäß Abschnitt 3.1.4 ATV DIN 18363 *„entsprechend der Art des Beschichtungsstoffes und des angewendeten Verfahrens gleichmäßig ohne Ansätze und Streifen erscheinen."*

zu beachtende Besonderheiten:
- Strukturierte Wandbekleidungen, Putze, matte und gefüllte Anstriche können das Erscheinungsbild von Abzeichnungen bei Streiflicht reduzieren.
- In Abhängigkeit von Ansprüchen der Auftraggeber können weitere Maßnahmen zur Vorbereitung der Oberfläche (GFQ4 plus) erforderlich sein, z.B. für Schlussbeschichtungen mit:
  - glänzenden Beschichtungen und Lackierungen,
  - Lacktapeten.

Tabelle 3.3: (Fortsetzung)

Qualitätsstufe GFQ4 plus	
Arbeitsschritte	**geeignete Oberflächengestaltung**
Die Qualitätsstufe GFQ4 plus stellt höchste Ansprüche an die Oberfläche dar. Die Qualitätsstufe GFQ4 plus umfasst folgende Arbeitsschritte: • die Grundverspachtelung (GFQ1), • die Standardverspachtelung (GFQ2) mit einem breiteren Ausspachteln der Fugen, • eine Vollflächenspachtelung oder ein Abstucken und Glätten der gesamten Plattenoberfläche mit einem dafür geeigneten Material (Schichtdicke > 1,0 mm), • zusätzliches Nachspachteln und Schleifen, auch einzelner Bereiche der Oberflächen, bis eine ebene und glatte Oberfläche entsteht, die über die Qualitätsstufe GFQ4 hinausgeht.	Bekleidungen: • mittel und grob strukturierte Wandbekleidungen, z. B. Raufasertapeten mit mittlerer oder grober Körnung • fein strukturierte Wandbekleidungen, z. B. Vliestapeten • glatte oder fein strukturierte Wandbekleidungen mit Glanz, z. B. Metall- oder Vinyltapeten • Glasfasergewebe • sonstige glatte oder fein strukturierte Wandbekleidungen mit Glanz Putze: • dekorative Oberputze • Stuccolustro oder andere hochwertige Glätt-Techniken Beschichtungen: • stumpfmatte, matte Anstriche/Beschichtungen, z. B. Dispersions-, Silikatanstriche, bis zum Glanz nach DIN EN 13300 • Beschichtungen mit putzartigem Aussehen • Beschichtungen mit silikatischen Füllstoffen

Anforderungen

Anforderungen an die Ebenheit der Flächen:
• Vereinbarte Beschaffenheit; es ist erforderlich, erhöhte Anforderungen an die Ebenheit zu vereinbaren.
• Die Messpunktabstände sollten mindestens 2,0 m betragen. Bei Messpunktabständen von 2,0 m beträgt das Stichmaß ≤ 2,0 mm.
• Bei Wänden und Decken mit geringerer Breite sind die max. möglichen Messpunktabstände zu wählen und das Stichmaß ist an die geringere Breite anzupassen. Dies entspricht erhöhten Anforderungen an die Ebenheit und Maßhaltigkeit.
• Fugenbereiche sollen der Plattenoberfläche durch die Verspachtelung stufenlos übergehend angeglichen werden, was auch für Befestigungsmittel, Innen- und Außenecken sowie für Anschlüsse gilt.
• Bei Bedarf sind „andere Genauigkeiten" und Anforderungen an die Ebenheit, entsprechend den Ansprüchen von Auftraggebern und der handwerklichen Umsetzbarkeit, zu vereinbaren.
• Bereits beim Trockenbau ist es erforderlich, erhöhte Anforderungen an die Ebenheit und an die Maßhaltigkeit (Messpunktabstände mindestens 2,0 m) nach Tabelle 3, Zeilen 4 und 7 DIN 18202 oder höher zu stellen.

Anforderungen bei der Einwirkung von natürlichem oder künstlichem Streiflicht:
• Grundsätzlich müssen die Beleuchtungsverhältnisse, wie sie bei der späteren Nutzung vorgesehen sind und auf die Oberflächen einwirken, im Leistungsverzeichnis beschrieben und bereits während der Spachtelarbeiten installiert oder zumindest unter Zuhilfenahme eines geeigneten Leuchtmittels (LED-, Halogenscheinwerfers) imitiert werden. Dies stellt eine besonders zu vergütende Leistung dar.
• Berücksichtigt werden müssen die Grenzen der handwerklichen Ausführung vor Ort.
• Die Möglichkeit von Abzeichnungen an der Plattenoberfläche und der Fugen wird durch diese Oberflächenbehandlung auch bei der Einwirkung von natürlichem oder künstlichem Streiflicht im höchsten Grad minimiert.

optische Anforderungen an die Oberfläche:
• Es dürfen keine Bearbeitungsabdrücke oder Spachtelgrate sichtbar bleiben.
• Bei fein strukturierten Wandbekleidungen (Vliestapeten) zeichnen sich keine untergrundbedingten Unregelmäßigkeiten (glatte und rauere Stellen, Kratzer, Poren) ab.
• Poren müssen geschlossen sein.
• Unebenheiten sind kaum ersichtlich.
• Bearbeitungsspuren sind nicht ersichtlich.
• Die Oberflächen müssen gemäß Abschnitt 3.1.4 ATV DIN 18363 „entsprechend der Art des Beschichtungsstoffes und des angewendeten Verfahrens gleichmäßig ohne Ansätze und Streifen erscheinen."

zu beachtende Besonderheiten:
• Dieser Untergrund ist für die Ausführung aller auf den Untergrund abgestimmten und von dem jeweiligen Hersteller empfohlenen Beschichtungen und Beläge geeignet.
• Strukturierte Wandbekleidungen, Putze, matte und gefüllte Anstriche können das Erscheinungsbild von Abzeichnungen bei Streiflicht reduzieren.
• Der erforderliche Arbeitsaufwand ist abhängig von den Untergrundgegebenheiten, den spezifischen Gegebenheiten, die auf die jeweilige Fläche einwirken, und den zu erwartenden Lichtverhältnissen.
• Bei der Qualitätsstufe GFQ4 plus handelt es sich um eine besonders zu vergütende Leistung.
• Die Ausführung erfolgt mit hochwertigen Produkten und speziellen kurzflorigen Farbwalzen (bei glatten Untergründen immer zu empfehlen) oder nach Möglichkeit im Spritzverfahren.

3.2.3 Gipsfaserplatten mit Klebefuge

Tabelle 3.4: Arbeitsschritte, Anforderungen und geeignete Oberflächengestaltungen für die Qualitätsstufen GFKQ1 bis GFKQ4 plus (Quelle: neu zusammengestellt nach IGG-Merkblatt Nr. 2.1 [2017])

Qualitätsstufe GFKQ1

Arbeitsschritte	geeignete Oberflächengestaltung
Für Oberflächen, an die keine optischen (dekorativen) Anforderungen gestellt werden, ist eine Verklebung der Plattenkanten und ein Überziehen sichtbarer Befestigungsteile ausreichend. Die Verspachtelung nach Qualitätsstufe GFKQ1 umfasst: • das Verkleben der Plattenkanten mit dafür geeignetem Fugenkleber als Fugenverschluss unter Beachtung der Herstellerhinweise zur Vorbehandlung der Plattenkanten und zum maximal zulässigen Fugenspalt (Abb. 3.9), • das Überziehen der sichtbaren Teile der Befestigungsmittel, • das Abstoßen von überstehendem Klebermaterial nach dem Erhärten.	Beläge: • Fliesen und Platten • Wandbeläge aus Keramik • Glas • Naturwerkstein

Anforderungen

Anforderungen an die Ebenheit der Flächen:
• vereinbarte Beschaffenheit
• In der Regel beträgt das zulässige Stichmaß gemäß DIN 18202 bei Messpunktabständen von 2,0 m max. 7,0 mm.

Anforderungen bei der Einwirkung von natürlichem oder künstlichem Streiflicht:
ohne Anforderungen

optische Anforderungen an die Oberfläche:
ohne optische Anforderungen an die Oberfläche

zu beachtende Besonderheiten:
Bei Flächen, die mit Bekleidungen und Belägen aus Fliesen und Platten versehen werden sollen, ist das Füllen der Fugen ausreichend.

Abb. 3.9: Gipsfaserplatten mit Klebefuge

Tabelle 3.4:   (Fortsetzung)

Qualitätsstufe GFKQ2 (Standardausführung)	
Arbeitsschritte	**geeignete Oberflächengestaltung**
Die Standardverspachtelung (GFKQ2) genügt den üblichen Anforderungen an Wand- und Deckenflächen. Die Verspachtelung umfasst: • das Verkleben der Plattenkanten (GFKQ1), • das Nachspachteln (Feinspachteln, Finish), bis ein stufenloser Übergang zur Plattenoberfläche hergestellt ist (Abb. 3.10), • in der Regel ein Schleifen der verspachtelten Bereiche.	Bekleidungen: • mittel und grob strukturierte Wandbekleidungen, z. B. Raufasertapeten mit mittlerer oder grober Körnung • fein strukturierte Wandbekleidungen, z. B. Vliestapeten Putze: • dekorative Oberputze Beschichtungen: • stumpfmatte bis matte Anstriche/Beschichtungen, z. B. Dispersions-, Silikatanstriche, nach DIN EN 13300 • Beschichtungen mit putzartigem Aussehen • Beschichtungen mit silikatischen Füllstoffen

Anforderungen

Anforderungen an die Ebenheit der Flächen:
• Vereinbarte Beschaffenheit; es ist erforderlich, Anforderungen an die Ebenheit zu vereinbaren.
• Die Messpunktabstände sollten mindestens 2,0 m betragen. Bei Messpunktabständen von 2,0 m beträgt das Stichmaß max. 4,0 mm.
• Bei Wänden und Decken mit geringerer Breite sind die max. möglichen Messpunktabstände zu wählen und das Stichmaß ist an die geringere Breite anzupassen. Dies entspricht erhöhten Anforderungen an die Ebenheit und Maßhaltigkeit.
• Fugenbereiche sollen der Plattenoberfläche durch die Verspachtelung stufenlos übergehend angeglichen werden, was auch für Befestigungsmittel, Innen- und Außenecken sowie für Anschlüsse gilt.
• Bei Bedarf sind „andere Genauigkeiten" und Anforderungen an die Ebenheit, entsprechend den Ansprüchen von Auftraggebern und der handwerklichen Umsetzbarkeit, zu vereinbaren.
• Sollten von Auftraggebern objektspezifische „andere Genauigkeiten" gefordert werden, die z. B. in Teilbereichen über der Standardausführung GFKQ2 liegen, sind diese „anderen Genauigkeiten" ausführlich zu beschreiben und zu vereinbaren. Dies gilt auch, wenn die Einhaltung der Qualitätsstufe GFKQ2 in Teilbereichen nicht erforderlich ist und unterschritten werden soll.
• Bereits beim Trockenbau ist es erforderlich, erhöhte Anforderungen an die Ebenheit und an die Maßhaltigkeit (Messpunktabstände mindestens 2,0 m) nach Tabelle 3, Zeilen 4 und 7 DIN 18202 zu stellen.

Anforderungen bei der Einwirkung von natürlichem oder künstlichem Streiflicht:
Bei der Wahl der Standardverspachtelung als Grundlage für Wand- oder Deckenbekleidungen, Anstriche und Beschichtungen können Abzeichnungen, insbesondere bei der Einwirkung von Streiflicht und künstlichem Licht in Form von sich abzeichnenden leichten Strukturunterschieden, glatteres Aussehen der Spachtelstellen als der Gipsfaseroberfläche, leichte Schattierungen und leichte wellenförmige Abzeichnungen insbesondere im Übergang der verspachtelten Fugenbereichen zur Gipsfaserplatte sowie Abweichungen in der Ebenheit nicht ausgeschlossen werden.

optische Anforderungen an die Oberfläche:
• Es dürfen keine Bearbeitungsabdrücke oder Spachtelgrate sichtbar bleiben.
• Bei fein strukturierten Wandbekleidungen (Vliestapeten) können sich kleinere untergrundbedingte Unregelmäßigkeiten abzeichnen.
• Die Oberflächen müssen gemäß Abschnitt 3.1.4 ATV DIN 18363 „*entsprechend der Art des Beschichtungsstoffes und des angewendeten Verfahrens gleichmäßig ohne Ansätze und Streifen erscheinen.*"

zu beachtende Besonderheiten:
Strukturierte Wandbekleidungen (z. B. Raufasertapeten), Putze, Beschichtungen mit putzartigem Aussehen oder silikatischen Füllstoffen können Abzeichnungen bei Streiflicht reduzieren und kleinere Unregelmäßigkeiten im Untergrund (z. B. Kratzer, Poren u. Ä.) überdecken.

Tabelle 3.4: (Fortsetzung)

Qualitätsstufe GFKQ3

Arbeitsschritte	**geeignete Oberflächengestaltung**
Zusätzliche, über Grund- und Standardverspachtelung hinausgehende Maßnahmen sind erforderlich, wenn erhöhte Anforderungen an die gespachtelte Oberfläche gestellt werden.	Bekleidungen: • mittel und grob strukturierte Wandbekleidungen, z. B. Raufasertapeten mit mittlerer oder grober Körnung • fein strukturierte Wandbekleidungen, z. B. Vliestapeten
Die Verspachtelung nach Qualitätsstufe GFKQ3 umfasst: • das Verkleben der Plattenkanten (GFKQ1), • das Nachspachteln (Feinspachteln, Finish), bis ein stufenloser Übergang zur Plattenoberfläche hergestellt ist, • ein scharfes Abziehen der restlichen Plattenoberfläche zum Glätten (Angleichen an die gespachtelten Fugenbereiche) mit Spachtelmaterial, • in der Regel ein Schleifen der verspachtelten Bereiche.	Putze: • dekorative Oberputze Beschichtungen: • stumpfmatte bis matte Anstriche/Beschichtungen, z. B. Dispersions-, Silikatanstriche, nach DIN EN 13300 • Beschichtungen mit putzartigem Aussehen • Beschichtungen mit silikatischen Füllstoffen

Anforderungen

Anforderungen an die Ebenheit der Flächen:
• Vereinbarte Beschaffenheit; es ist erforderlich, Anforderungen an die Ebenheit zu vereinbaren.
• Die Messpunktabstände sollten mindestens 2,0 m betragen. Bei Messpunktabständen von 2,0 m beträgt das Stichmaß max. 4,0 mm.
• Bei Wänden und Decken mit geringerer Breite sind die max. möglichen Messpunktabstände zu wählen und das Stichmaß ist an die geringere Breite anzupassen. Dies entspricht erhöhten Anforderungen an die Ebenheit und Maßhaltigkeit.
• Fugenbereiche sollen der Plattenoberfläche durch die Verspachtelung stufenlos übergehend angeglichen werden, was auch für Befestigungsmittel, Innen- und Außenecken sowie für Anschlüsse gilt.
• Bei Bedarf sind „andere Genauigkeiten" und Anforderungen an die Ebenheit, entsprechend den Ansprüchen von Auftraggebern und der handwerklichen Umsetzbarkeit, zu vereinbaren.
• Sollten von Auftraggebern objektspezifische „andere Genauigkeiten" gefordert werden, die z. B. in Teilbereichen über der Qualitätsstufe GFKQ3 liegen, sind diese „anderen Genauigkeiten" ausführlich zu beschreiben und zu vereinbaren. Dies gilt auch, wenn die Einhaltung der Qualitätsstufe GFKQ3 in Teilbereichen nicht erforderlich ist und unterschritten werden soll.
• Bereits beim Trockenbau ist es erforderlich, erhöhte Anforderungen an die Ebenheit und an die Maßhaltigkeit (Messpunktabstände mindestens 2,0 m) nach Tabelle 3, Zeilen 4 und 7 DIN 18202 zu stellen.

Anforderungen bei der Einwirkung von natürlichem oder künstlichem Streiflicht:
• Bereits ab der Qualitätsstufe GFKQ3 ist es zu empfehlen, im Leistungsverzeichnis anzugeben, welche Beleuchtungsverhältnisse bei der späteren Nutzung auf die Fläche einwirken. Wenn bei der späteren Nutzung natürliches oder künstliches Streiflicht auf die Oberflächen einwirkt, sollten die Beleuchtungsverhältnisse, wie sie bei der späteren Nutzung auftreten, bereits im Leistungsverzeichnis beschrieben und bei der Ausführung der Arbeiten simuliert werden. Dies stellt eine besonders zu vergütende Leistung dar.
• Auch bei der Qualitätsstufe GFKQ3 sind bei Streiflicht sichtbar werdende Unebenheiten in den Oberflächen in Form von leichten Schattierungen und leichten wellenförmigen Abzeichnungen, insbesondere im Übergang der Gipsfaserplatte zu den verspachtelten Fugenbereichen, sowie Abweichungen in der Ebenheit nicht auszuschließen. Grad und Umfang solcher Abzeichnungen sind jedoch gegenüber der Standardausführung GFKQ2 geringer.

optische Anforderungen an die Oberfläche:
• Es dürfen keine Bearbeitungsabdrücke oder Spachtelgrate sichtbar bleiben.
• Die Gipsfaseroberfläche muss eine gleichmäßige Oberflächenstruktur (Glätte) aufweisen.
• Bei fein strukturierten Wandbekleidungen (Vliestapeten) zeichnen sich untergrundbedingte Unregelmäßigkeiten (glatte und rauere Stellen, Kratzer, Poren) kaum ab.
• Die Oberflächen müssen gemäß Abschnitt 3.1.4 ATV DIN 18363 *„entsprechend der Art des Beschichtungsstoffes und des angewendeten Verfahrens gleichmäßig ohne Ansätze und Streifen erscheinen."*

Alternativen:
Alternativ zum scharfen Abziehen der Plattenoberfläche können, in Abhängigkeit von der vereinbarten Schlussbeschichtung, auch Beschichtungen mit putzartigem Aussehen, wie z. B. Streichputze oder Beschichtungen mit silikatischen Füllstoffen, aufgebracht werden, die für diesen Einsatzbereich von dem Hersteller freigegeben werden.

zu beachtende Besonderheiten:
Strukturierte Wandbekleidungen, Putze, matte und gefüllte Anstriche können das Erscheinungsbild von Abzeichnungen bei Streiflicht reduzieren.

Tabelle 3.4:   (Fortsetzung)

Qualitätsstufe GFKQ4

Arbeitsschritte	geeignete Oberflächengestaltung
Um hohe Anforderungen an die gespachtelte Oberfläche zu erfüllen, umfasst die Qualitätsstufe GFKQ4 folgende Arbeitsschritte: • das Verkleben der Plattenkanten (GFKQ1), • das Nachspachteln (Feinspachteln, Finish), bis ein stufenloser Übergang zur Plattenoberfläche hergestellt ist, • eine Vollflächenspachtelung oder ein Abstucken und Glätten der gesamten Plattenoberfläche mit einem dafür geeigneten Material (Schichtdicke > 1,0 mm), • in der Regel ein Schleifen der verspachtelten Bereiche.	Bekleidungen: • mittel und grob strukturierte Wandbekleidungen, z. B. Raufasertapeten mit mittlerer oder grober Körnung • fein strukturierte Wandbekleidungen, z. B. Vliestapeten • glatte oder fein strukturierte Wandbekleidungen mit Glanz, z. B. Metall- oder Vinyltapeten Putze: • dekorative Oberputze • Stuccolustro oder andere hochwertige Glätt-Techniken Beschichtungen: • stumpfmatte, matte Anstriche/Beschichtungen, z. B. Dispersions-, Silikatanstriche, bis zum mittleren Glanz nach DIN EN 13300 • Beschichtungen mit putzartigem Aussehen • Beschichtungen mit silikatischen Füllstoffen

Anforderungen

Anforderungen an die Ebenheit der Flächen:
• Vereinbarte Beschaffenheit; es ist erforderlich, erhöhte Anforderungen an die Ebenheit und an die Maßhaltigkeit zu vereinbaren.
• Die Messpunktabstände sollten mindestens 2,0 m betragen. Bei Messpunktabständen von 2,0 m beträgt das Stichmaß max. 3,0 mm.
• Bei Wänden und Decken mit geringerer Breite sind die max. möglichen Messpunktabstände zu wählen und das Stichmaß ist an die geringere Breite anzupassen. Dies entspricht erhöhten Anforderungen an die Ebenheit und Maßhaltigkeit.
• Fugenbereiche sollen der Plattenoberfläche durch die Verspachtelung stufenlos übergehend angeglichen werden, was auch für Befestigungsmittel, Innen- und Außenecken sowie für Anschlüsse gilt.
• Bei Bedarf sind „andere Genauigkeiten" und Anforderungen an die Ebenheit, entsprechend den Ansprüchen von Auftraggebern und der handwerklichen Umsetzbarkeit, zu vereinbaren.
• Sollten von Auftraggebern objektspezifische „andere Genauigkeiten" gefordert werden, die z. B. in Teilbereichen über der Qualitätsstufe GFKQ4 liegen, sind diese „anderen Genauigkeiten" ausführlich zu beschreiben und zu vereinbaren. Dies gilt auch, wenn die Einhaltung der Qualitätsstufe GFKQ4 in Teilbereichen nicht erforderlich ist und unterschritten werden soll.
• Bereits beim Trockenbau ist es erforderlich, erhöhte Anforderungen an die Ebenheit und an die Maßhaltigkeit (Messpunktabstände mindestens 2,0 m) nach Tabelle 3, Zeilen 4 und 7 DIN 18202 zu stellen.

Anforderungen bei der Einwirkung von natürlichem oder künstlichem Streiflicht:
• Grundsätzlich müssen die Beleuchtungsverhältnisse, wie sie bei der späteren Nutzung vorgesehen sind und auf die Oberflächen einwirken, im Leistungsverzeichnis beschrieben und bereits während der Spachtelarbeiten installiert oder zumindest unter Zuhilfenahme eines geeigneten Leuchtmittels (LED-, Halogenscheinwerfers) imitiert werden. Dies stellt eine besonders zu vergütende Leistung dar.
• Berücksichtigt werden müssen die Grenzen der handwerklichen Ausführung vor Ort.
• Die Möglichkeit von Abzeichnungen an der Plattenoberfläche und der Fugen wird durch diese Oberflächenbehandlung auch bei der Einwirkung von natürlichem oder künstlichem Streiflicht zu einem hohen Grad minimiert.
• Bei der Einwirkung von natürlichem oder künstlichem Streiflicht werden unerwünschte Effekte (z. B. wechselnde Schattierungen auf der Oberfläche oder minimale örtliche Markierungen) auf der fertigen Oberfläche weitgehend vermieden, sind aber nicht völlig auszuschließen.

optische Anforderungen an die Oberfläche:
• Es dürfen keine Bearbeitungsabdrücke oder Spachtelgrate sichtbar bleiben.
• Bei fein strukturierten Wandbekleidungen (Vliestapeten) zeichnen sich keine untergrundbedingten Unregelmäßigkeiten (glatte und rauere Stellen, Kratzer, Poren) ab.
• Poren müssen geschlossen sein.
• Unebenheiten sind kaum ersichtlich.
• Bearbeitungsspuren sind kaum ersichtlich.
• Die Oberflächen müssen gemäß Abschnitt 3.1.4 ATV DIN 18363 *„entsprechend der Art des Beschichtungsstoffes und des angewendeten Verfahrens gleichmäßig ohne Ansätze und Streifen erscheinen."*

zu beachtende Besonderheiten:
• Strukturierte Wandbekleidungen, Putze, matte und gefüllte Anstriche können das Erscheinungsbild von Abzeichnungen bei Streiflicht reduzieren.
• In Abhängigkeit von Ansprüchen der Auftraggeber können weitere Maßnahmen zur Vorbereitung der Oberfläche (GFKQ4 plus) erforderlich sein, z. B. für Schlussbeschichtungen mit:
  – glänzenden Beschichtungen und Lackierungen,
  – Lacktapeten.

Tabelle 3.4:   (Fortsetzung)

Qualitätsstufe GFKQ4 plus

Arbeitsschritte	geeignete Oberflächengestaltung
Die Qualitätsstufe GFKQ4 plus stellt höchste Ansprüche an die Oberfläche dar. Die Qualitätsstufe GFKQ4 plus umfasst folgende Arbeitsschritte: ● das Verkleben der Plattenkanten (GFKQ1), ● das Nachspachteln (Feinspachteln, Finish), bis ein stufenloser Übergang zur Plattenoberfläche hergestellt ist, ● eine Vollflächenspachtelung oder ein Abstucken und Glätten der gesamten Plattenoberfläche mit einem dafür geeigneten Material (Schichtdicke > 1,0 mm), ● zusätzliches Nachspachteln und Schleifen, auch einzelner Bereiche der Oberflächen, bis eine ebene und glatte Oberfläche entsteht, die über die Qualitätsstufe GFKQ4 hinausgeht.	Bekleidungen: ● mittel und grob strukturierte Wandbekleidungen, z. B. Raufasertapeten mit mittlerer oder grober Körnung ● fein strukturierte Wandbekleidungen, z. B. Vliestapeten ● glatte oder fein strukturierte Wandbekleidungen mit Glanz, z. B. Metall- oder Vinyltapeten Putze: ● dekorative Oberputze ● Stuccolustro oder andere hochwertige Glätt-Techniken Beschichtungen: ● stumpfmatte, matte Anstriche/Beschichtungen, z. B. Dispersions-, Silikatanstriche, bis zum Glanz nach DIN EN 13300 ● Beschichtungen mit putzartigem Aussehen ● Beschichtungen mit silikatischen Füllstoffen

Anforderungen

Anforderungen an die Ebenheit der Flächen:
● Vereinbarte Beschaffenheit; es ist erforderlich, erhöhte Anforderungen an die Ebenheit zu vereinbaren.
● Die Messpunktabstände sollten mindestens 2,0 m betragen. Bei Messpunktabständen von 2,0 m beträgt das Stichmaß ≤ 2,0 mm.
● Bei Wänden und Decken mit geringerer Breite sind die max. möglichen Messpunktabstände zu wählen und das Stichmaß ist an die geringere Breite anzupassen. Dies entspricht erhöhten Anforderungen an die Ebenheit und Maßhaltigkeit.
● Fugenbereiche sollen der Plattenoberfläche durch die Verspachtelung stufenlos übergehend angeglichen werden, was auch für Befestigungsmittel, Innen- und Außenecken sowie für Anschlüsse gilt.
● Bei Bedarf sind „andere Genauigkeiten" und Anforderungen an die Ebenheit, entsprechend den Ansprüchen von Auftraggebern und der handwerklichen Umsetzbarkeit, zu vereinbaren.
● Bereits beim Trockenbau ist es erforderlich, erhöhte Anforderungen an die Ebenheit und an die Maßhaltigkeit (Messpunktabstände mindestens 2,0 m) nach Tabelle 3, Zeilen 4 und 7 DIN 18202 oder höher zu stellen.

Anforderungen bei der Einwirkung von natürlichem oder künstlichem Streiflicht:
● Grundsätzlich müssen die Beleuchtungsverhältnisse, wie sie bei der späteren Nutzung vorgesehen sind und auf die Oberflächen einwirken, im Leistungsverzeichnis beschrieben und bereits während der Spachtelarbeiten installiert oder zumindest unter Zuhilfenahme eines geeigneten Leuchtmittels (LED-, Halogenscheinwerfers) imitiert werden. Dies stellt eine besonders zu vergütende Leistung dar.
● Berücksichtigt werden müssen die Grenzen der handwerklichen Ausführung vor Ort.
● Die Möglichkeit von Abzeichnungen an der Plattenoberfläche und der Fugen wird durch diese Oberflächenbehandlung auch bei der Einwirkung von natürlichem oder künstlichem Streiflicht im höchsten Grad minimiert.

optische Anforderungen an die Oberfläche:
● Es dürfen keine Bearbeitungsabdrücke oder Spachtelgrate sichtbar bleiben.
● Bei fein strukturierten Wandbekleidungen (Vliestapeten) zeichnen sich keine untergrundbedingten Unregelmäßigkeiten (glatte und rauere Stellen, Kratzer, Poren) ab.
● Poren müssen geschlossen sein.
● Unebenheiten sind kaum ersichtlich.
● Bearbeitungsspuren sind nicht ersichtlich.
● Die Oberflächen müssen gemäß Abschnitt 3.1.4 ATV DIN 18363 *„entsprechend der Art des Beschichtungsstoffes und des angewendeten Verfahrens gleichmäßig ohne Ansätze und Streifen erscheinen."*

zu beachtende Besonderheiten:
● Dieser Untergrund ist für die Ausführung aller auf den Untergrund abgestimmten und von dem jeweiligen Hersteller empfohlenen Beschichtungen und Beläge geeignet.
● Strukturierte Wandbekleidungen, Putze, matte und gefüllte Anstriche können das Erscheinungsbild von Abzeichnungen bei Streiflicht reduzieren.
● Der erforderliche Arbeitsaufwand ist abhängig von den Untergrundgegebenheiten, den spezifischen Gegebenheiten, die auf die jeweilige Fläche einwirken, und den zu erwartenden Lichtverhältnissen.
● Bei der Qualitätsstufe GFKQ4 plus handelt es sich um eine besonders zu vergütende Leistung.
● Die Ausführung erfolgt mit hochwertigen Produkten und speziellen kurzflorigen Farbwalzen (bei glatten Untergründen immer zu empfehlen) oder nach Möglichkeit im Spritzverfahren.

Abb. 3.10: Spachtelung von Gipsfaserplatten mit Klebefuge (GFKQ2)

3.2.4   Gipswandbauplatten

Tabelle 3.5:   Arbeitsschritte, Anforderungen und geeignete Oberflächengestaltungen für die Qualitätsstufen GWQ1 bis GWQ4 plus

Qualitätsstufe GWQ1

Arbeitsschritte	geeignete Oberflächengestaltung
Eine Grundverspachtelung (GWQ1) ist für Oberflächen, an die keine optischen (dekorativen) Anforderungen gestellt werden, ausreichend. Die Verspachtelung umfasst: • Gipskleber sofort abziehen oder später abstoßen, • Fehlstellen schließen.	Beläge: • Fliesen und Platten • Wandbeläge aus Keramik • Naturwerkstein

Anforderungen

Anforderungen an die Ebenheit der Flächen:
• vereinbarte Beschaffenheit
• In der Regel beträgt das zulässige Stichmaß gemäß DIN 18202 bei Messpunktabständen von 2,0 m max. 7,0 mm.

Anforderungen bei der Einwirkung von natürlichem oder künstlichem Streiflicht:
ohne Anforderungen

optische Anforderungen an die Oberfläche:
• ohne optische Anforderungen an die Oberfläche
• Abzeichnungen, die werkzeugbedingt sind, Riefen und Grate dürfen deutlich sichtbar sein.

zu beachtende Besonderheiten:
• Randanschlusstreifen dürfen nicht überspachtelt werden und sind ggf. durch Trennschnitt wieder freizulegen.
• Bei Flächen, die mit Bekleidungen und Belägen aus Fliesen und Platten versehen werden sollen, ist das Schließen von Fehlstellen ausreichend.
• Glätten ist ebenso zu vermeiden wie das seitliche Verziehen des Spachtelmaterials über den unmittelbaren Bereich der Fehlstellen hinaus.

Tabelle 3.5:   (Fortsetzung)

Qualitätsstufe GWQ2 (Standardausführung)	
Arbeitsschritte	**geeignete Oberflächengestaltung**
Die Standardverspachtelung (GWQ2) genügt den üblichen Anforderungen an Wandflächen. Die Verspachtelung umfasst: • die Verspachtelung im Fugenbereich, • in der Regel ein Schleifen der verspachtelten Bereiche.	Bekleidungen: • mittel und grob strukturierte Wandbekleidungen, z. B. Raufasertapeten mit mittlerer oder grober Körnung • fein strukturierte Wandbekleidungen, z. B. Vliestapeten • Glasfasergewebe Putze: • dekorative Oberputze Beschichtungen: • stumpfmatte bis matte Anstriche/Beschichtungen, z. B. Dispersions-, Silikatanstriche, nach DIN EN 13300 • Beschichtungen mit putzartigem Aussehen • Beschichtungen mit silikatischen Füllstoffen
Anforderungen	

Anforderungen an die Ebenheit der Flächen:
• Vereinbarte Beschaffenheit; es ist erforderlich, Anforderungen an die Ebenheit zu vereinbaren.
• Die Messpunktabstände sollten mindestens 2,0 m betragen. Bei Messpunktabständen von 2,0 m beträgt das Stichmaß max. 4,0 mm.
• Bei Wänden mit geringerer Breite sind die max. möglichen Messpunktabstände zu wählen und das Stichmaß ist an die geringere Breite anzupassen. Dies entspricht erhöhten Anforderungen an die Ebenheit und Maßhaltigkeit.
• Fugenbereiche sollen der Plattenoberfläche durch die Verspachtelung stufenlos übergehend angeglichen werden, was auch für Innen- und Außenecken sowie für Anschlüsse gilt.
• Bei Bedarf sind „andere Genauigkeiten" und Anforderungen an die Ebenheit, entsprechend den Ansprüchen von Auftraggebern und der handwerklichen Umsetzbarkeit, zu vereinbaren.
• Sollten von Auftraggebern objektspezifische „andere Genauigkeiten" gefordert werden, die z. B. in Teilbereichen über der Standardausführung GWQ2 liegen, sind diese „anderen Genauigkeiten" ausführlich zu beschreiben und zu vereinbaren. Dies gilt auch, wenn die Einhaltung der Qualitätsstufe GWQ2 in Teilbereichen nicht erforderlich ist und unterschritten werden soll.
• Bereits beim Rohbau ist es erforderlich, erhöhte Anforderungen an die Ebenheit und an die Maßhaltigkeit (Messpunktabstände mindestens 2,0 m) nach Tabelle 3, Zeilen 4 und 7 DIN 18202 zu stellen.

Anforderungen bei der Einwirkung von natürlichem oder künstlichem Streiflicht:
Bei der Wahl der Standardverspachtelung als Grundlage für Wandbekleidungen, Anstriche und Beschichtungen können Abzeichnungen, insbesondere bei der Einwirkung von Streiflicht und künstlichem Licht in Form von sich abzeichnenden leichten Strukturunterschieden, leichten Schattierungen und leichten wellenförmige Abzeichnungen in der Ebenheit nicht ausgeschlossen werden.

optische Anforderungen an die Oberfläche:
• Es dürfen keine Bearbeitungsabdrücke oder Spachtelgrate sichtbar bleiben.
• Fehlstellen, Riefen und Grate dürfen nicht sichtbar sein.
• Bei fein strukturierten Wandbekleidungen (Vliestapeten) können sich kleinere untergrundbedingte Unregelmäßigkeiten abzeichnen.
• Die Oberflächen müssen gemäß Abschnitt 3.1.4 ATV DIN 18363 *„entsprechend der Art des Beschichtungsstoffes und des angewendeten Verfahrens gleichmäßig ohne Ansätze und Streifen erscheinen."*

zu beachtende Besonderheiten:
• Randanschlussstreifen dürfen nicht überspachtelt werden und sind ggf. durch Trennschnitt wieder freizulegen.
• Strukturierte Wandbekleidungen (z. B. Raufasertapeten), Putze, Beschichtungen mit putzartigem Aussehen oder silikatischen Füllstoffen können Abzeichnungen bei Streiflicht reduzieren und kleinere Unregelmäßigkeiten im Untergrund (z. B. Kratzer, Poren u. Ä.) überdecken.

Tabelle 3.5: (Fortsetzung)

Qualitätsstufe GWQ3

Arbeitsschritte	geeignete Oberflächengestaltung
Zusätzliche, über Grund- und Standardverspachtelung hinausgehende Maßnahmen sind erforderlich, wenn erhöhte Anforderungen an die gespachtelte Oberfläche gestellt werden. Die Verspachtelung nach Qualitätsstufe GWQ3 umfasst: • die Grundverspachtelung, Fehlstellen schließen (GWQ1), • die Standardverspachtelung (GWQ2), • das Grundieren der Spachtellage, • ein vollflächiges Überziehen und Glätten der Oberfläche, • in der Regel ein Schleifen der verspachtelten Bereiche.	Bekleidungen: • mittel und grob strukturierte Wandbekleidungen, z. B. Raufasertapeten mit mittlerer oder grober Körnung • fein strukturierte Wandbekleidungen, z. B. Vliestapeten • Glasfasergewebe Putze: • dekorative Oberputze Beschichtungen: • stumpfmatte bis matte Anstriche/Beschichtungen, z. B. Dispersions-, Silikatanstriche, nach DIN EN 13300 • Beschichtungen mit putzartigem Aussehen • Beschichtungen mit silikatischen Füllstoffen

Anforderungen

Anforderungen an die Ebenheit der Flächen:
• Vereinbarte Beschaffenheit; es ist erforderlich, Anforderungen an die Ebenheit zu vereinbaren.
• Die Messpunktabstände sollten mindestens 2,0 m betragen. Bei Messpunktabständen von 2,0 m beträgt das Stichmaß max. 4,0 mm.
• Bei Wänden mit geringerer Breite sind die max. möglichen Messpunktabstände zu wählen und das Stichmaß ist an die geringere Breite anzupassen. Dies entspricht erhöhten Anforderungen an die Ebenheit und Maßhaltigkeit.
• Fugenbereiche sollen der Plattenoberfläche durch die Verspachtelung stufenlos übergehend angeglichen werden, was auch für Innen- und Außenecken sowie für Anschlüsse gilt.
• Bei Bedarf sind „andere Genauigkeiten" und Anforderungen an die Ebenheit, entsprechend den Ansprüchen von Auftraggebern und der handwerklichen Umsetzbarkeit, zu vereinbaren.
• Sollten von Auftraggebern objektspezifische „andere Genauigkeiten" gefordert werden, die z. B. in Teilbereichen über der Qualitätsstufe GWQ3 liegen, sind diese „anderen Genauigkeiten" ausführlich zu beschreiben und zu vereinbaren. Dies gilt auch, wenn die Einhaltung der Qualitätsstufe GWQ3 in Teilbereichen nicht erforderlich ist und unterschritten werden soll.
• Bereits beim Rohbau sind erforderlich, erhöhte Anforderungen an die Ebenheit und an die Maßhaltigkeit (Messpunktabstände mindestens 2,0 m) nach Tabelle 3, Zeilen 4 und 7 DIN 18202 zu stellen.

Anforderungen bei der Einwirkung von natürlichem oder künstlichem Streiflicht:
• Bereits ab der Qualitätsstufe GWQ3 ist es zu empfehlen, im Leistungsverzeichnis anzugeben, welche Beleuchtungsverhältnisse bei der späteren Nutzung auf die Fläche einwirken. Wenn bei der späteren Nutzung natürliches oder künstliches Streiflicht auf die Oberflächen einwirkt, sollten die Beleuchtungsverhältnisse, wie sie bei der späteren Nutzung auftreten, bereits im Leistungsverzeichnis beschrieben und bei der Ausführung der Arbeiten simuliert werden. Dies stellt eine besonders zu vergütende Leistung dar.
• Auch bei der Qualitätsstufe GWQ3 sind bei Streiflicht sichtbar werdende Unebenheiten in den Oberflächen in Form von leichten Schattierungen und leichten wellenförmigen Abzeichnungen sowie Abweichungen in der Ebenheit zulässig. Grad und Umfang solcher Abzeichnungen sind jedoch gegenüber der Standardausführung GWQ2 geringer.

optische Anforderungen an die Oberfläche:
• Es dürfen keine Bearbeitungsabdrücke oder Spachtelgrate sichtbar bleiben.
• Die Oberfläche der Gipswandbauplatten muss eine gleichmäßige Oberflächenstruktur (Glätte) aufweisen.
• Die Oberflächen müssen gemäß Abschnitt 3.1.4 ATV DIN 18363 *„entsprechend der Art des Beschichtungsstoffes und des angewendeten Verfahrens gleichmäßig ohne Ansätze und Streifen erscheinen."*

Alternativen:
Alternativ zum scharfen Abziehen der Plattenoberfläche können, in Abhängigkeit von der vereinbarten Schlussbeschichtung, auch Beschichtungen mit putzartigem Aussehen, wie z. B. Streichputze oder Beschichtungen mit silikatischen Füllstoffen, aufgebracht werden, die für diesen Einsatzbereich von dem Hersteller freigegeben werden.

zu beachtende Besonderheiten:
• Randanschlussstreifen dürfen nicht überspachtelt werden und sind ggf. durch Trennschnitt wieder freizulegen.
• Strukturierte Wandbekleidungen, Putze, matte und gefüllte Anstriche können das Erscheinungsbild von Abzeichnungen bei Streiflicht reduzieren.

Tabelle 3.5:   (Fortsetzung)

Qualitätsstufe GWQ4

Arbeitsschritte	geeignete Oberflächengestaltung
Um hohe Anforderungen an die gespachtelte Oberfläche zu erfüllen, umfasst die Qualitätsstufe GWQ4 folgende Arbeitsschritte: • die Grundverspachtelung, Fehlstellen schließen (GWQ1), • die Standardverspachtelung (GWQ2), • das Grundieren der Spachtellage, • ein vollflächiges Überziehen und Glätten der Oberfläche (Schichtdicke > 1,0 mm), • in der Regel ein Schleifen der verspachtelten Bereiche.	Bekleidungen: • mittel und grob strukturierte Wandbekleidungen, z. B. Raufasertapeten mit mittlerer oder grober Körnung • fein strukturierte Wandbekleidungen, z. B. Vliestapeten • glatte oder fein strukturierte Wandbekleidungen mit Glanz, z. B. Metall- oder Vinyltapeten • Glasfasergewebe • sonstige glatte oder fein strukturierte Wandbekleidungen mit Glanz Putze: • dekorative Oberputze • Stuccolustro oder andere hochwertige Glätt-Techniken Beschichtungen: • stumpfmatte, matte Anstriche/Beschichtungen, z. B. Dispersions-, Silikatanstriche, bis zum mittleren Glanz nach DIN EN 13300 • Beschichtungen mit putzartigem Aussehen • Beschichtungen mit silikatischen Füllstoffen

Anforderungen

Anforderungen an die Ebenheit der Flächen:
• Vereinbarte Beschaffenheit; es ist erforderlich, erhöhte Anforderungen an die Ebenheit zu vereinbaren.
• Die Messpunktabstände sollten mindestens 2,0 m betragen. Bei Messpunktabständen von 2,0 m beträgt das Stichmaß max. 3,0 mm.
• Bei Wänden mit geringerer Breite sind die max. möglichen Messpunktabstände zu wählen und das Stichmaß ist an die geringere Breite anzupassen. Dies entspricht erhöhten Anforderungen an die Ebenheit und Maßhaltigkeit.
• Fugenbereiche sollen der Plattenoberfläche durch die Verspachtelung stufenlos übergehend angeglichen werden, was auch für Innen- und Außenecken sowie für Anschlüsse gilt.
• Bei Bedarf sind „andere Genauigkeiten" und Anforderungen an die Ebenheit, entsprechend den Ansprüchen von Auftraggebern und der handwerklichen Umsetzbarkeit, zu vereinbaren.
• Sollten von Auftraggebern objektspezifische „andere Genauigkeiten" gefordert werden, die z. B. in Teilbereichen über der Qualitätsstufe GWQ4 liegen, sind diese „anderen Genauigkeiten" ausführlich zu beschreiben und zu vereinbaren. Dies gilt auch, wenn die Einhaltung der Qualitätsstufe GWQ4 in Teilbereichen nicht erforderlich ist und unterschritten werden soll.
• Bereits beim Rohbau ist es erforderlich, erhöhte Anforderungen an die Ebenheit und an die Maßhaltigkeit (Messpunktabstände mindestens 2,0 m) nach Tabelle 3, Zeilen 4 und 7 DIN 18202 zu stellen.

Anforderungen bei der Einwirkung von natürlichem oder künstlichem Streiflicht:
• Grundsätzlich müssen die Beleuchtungsverhältnisse, wie sie bei der späteren Nutzung vorgesehen sind und auf die Oberflächen einwirken, im Leistungsverzeichnis beschrieben und bereits während der Spachtelarbeiten installiert oder zumindest unter Zuhilfenahme eines geeigneten Leuchtmittels (LED-, Halogenscheinwerfers) imitiert werden. Dies stellt eine besonders zu vergütende Leistung dar.
• Berücksichtigt werden müssen die Grenzen der handwerklichen Ausführung vor Ort.
• Die Möglichkeit von Abzeichnungen an der Plattenoberfläche und der Fugen wird durch diese Oberflächenbehandlung auch bei der Einwirkung von natürlichem oder künstlichem Streiflicht zu einem hohen Grad minimiert.
• Bei der Einwirkung von natürlichem oder künstlichem Streiflicht werden unerwünschte Effekte (z. B. wechselnde Schattierungen auf der Oberfläche oder minimale örtliche Markierungen) auf der fertigen Oberfläche weitgehend vermieden, sind aber nicht völlig auszuschließen.

optische Anforderungen an die Oberfläche:
• Es dürfen keine Bearbeitungsabdrücke oder Spachtelgrate sichtbar bleiben.
• Bei fein strukturierten Wandbekleidungen (Vliestapeten) zeichnen sich keine untergrundbedingten Unregelmäßigkeiten (glatte und rauere Stellen, Kratzer, Poren) ab.
• Poren müssen geschlossen sein.
• Unebenheiten sind kaum ersichtlich.
• Bearbeitungsspuren sind kaum ersichtlich.
• Die Oberflächen müssen gemäß Abschnitt 3.1.4 ATV DIN 18363 *„entsprechend der Art des Beschichtungsstoffes und des angewendeten Verfahrens gleichmäßig ohne Ansätze und Streifen erscheinen."*

zu beachtende Besonderheiten:
• Randanschlussstreifen dürfen nicht überspachtelt werden und sind ggf. durch Trennschnitt wieder freizulegen.
• Strukturierte Wandbekleidungen, Putze, matte und gefüllte Anstriche können das Erscheinungsbild von Abzeichnungen bei Streiflicht reduzieren.
• In Abhängigkeit von Ansprüchen der Auftraggeber können weitere Maßnahmen zur Vorbereitung der Oberfläche (GWQ4 plus) erforderlich sein, z. B. für Schlussbeschichtungen mit:
  – glänzenden Beschichtungen und Lackierungen,
  – Lacktapeten.

Tabelle 3.5: (Fortsetzung)

Qualitätsstufe GWQ4 plus

Arbeitsschritte

Die Qualitätsstufe GWQ4 plus stellt höchste Ansprüche an die Oberfläche dar.

Die Qualitätsstufe GWQ4 plus umfasst folgende Arbeitsschritte:
- die Grundverspachtelung, Fehlstellen schließen (GWQ1),
- die Standardverspachtelung (GWQ2),
- das Grundieren der Spachtellage,
- ein vollflächiges Überziehen und Glätten der Oberfläche (Schichtdicke > 1,0 mm),
- in der Regel ein Schleifen der verspachtelten Bereiche.
- Bei Bedarf sind die Flächen in einem weiteren Arbeitsgang zu entstauben, zu grundieren und erneut zu verspachteln und zu schleifen. Dies beinhaltet ein Nachspachteln und Schleifen, auch einzelner Bereiche der Oberflächen, bis eine ebene und glatte Oberfläche entsteht, die über die Qualitätsstufe GWQ4 hinausgeht.

geeignete Oberflächengestaltung

Bekleidungen:
- mittel und grob strukturierte Wandbekleidungen, z. B. Raufasertapeten mit mittlerer oder grober Körnung
- fein strukturierte Wandbekleidungen, z. B. Vliestapeten
- glatte oder fein strukturierte Wandbekleidungen mit Glanz, z. B. Metall- oder Vinyltapeten
- Glasfasergewebe
- sonstige glatte oder fein strukturierte Wandbekleidungen mit Glanz

Putze:
- dekorative Oberputze
- Stuccolustro oder andere hochwertige Glätt-Techniken

Beschichtungen:
- stumpfmatte, matte Anstriche/Beschichtungen, z. B. Dispersions-, Silikatanstriche, bis zum Glanz nach DIN EN 13300
- Beschichtungen mit putzartigem Aussehen
- Beschichtungen mit silikatischen Füllstoffen

Anforderungen

Anforderungen an die Ebenheit der Flächen:
- Vereinbarte Beschaffenheit; es ist erforderlich, erhöhte Anforderungen an die Ebenheit zu vereinbaren.
- Die Messpunktabstände sollten mindestens 2,0 m betragen. Bei Messpunktabständen von 2,0 m beträgt das Stichmaß ≤ 2,0 mm.
- Bei Wänden mit geringerer Breite sind die max. möglichen Messpunktabstände zu wählen und das Stichmaß ist an die geringere Breite anzupassen. Dies entspricht erhöhten Anforderungen an die Ebenheit und Maßhaltigkeit.
- Fugenbereiche sollen der Plattenoberfläche durch die Verspachtelung stufenlos übergehend angeglichen werden, was auch für Innen- und Außenecken sowie für Anschlüsse gilt.
- Bei Bedarf sind „andere Genauigkeiten" und Anforderungen an die Ebenheit, entsprechend den Ansprüchen von Auftraggebern und der handwerklichen Umsetzbarkeit, zu vereinbaren.
- Bereits beim Rohbau ist es erforderlich, erhöhte Anforderungen an die Ebenheit und an die Maßhaltigkeit (Messpunktabstände mindestens 2,0 m) nach Tabelle 3, Zeilen 4 und 7 DIN 18202 oder höher zu stellen.

Anforderungen bei der Einwirkung von natürlichem oder künstlichem Streiflicht:
- Grundsätzlich müssen die Beleuchtungsverhältnisse, wie sie bei der späteren Nutzung vorgesehen sind und auf die Oberflächen einwirken, im Leistungsverzeichnis beschrieben und bereits während der Spachtelarbeiten installiert oder zumindest unter Zuhilfenahme eines geeigneten Leuchtmittels (LED-, Halogenscheinwerfers) imitiert werden. Dies stellt eine besonders zu vergütende Leistung dar.
- Berücksichtigt werden müssen die Grenzen der handwerklichen Ausführung vor Ort.
- Die Möglichkeit von Abzeichnungen an der Plattenoberfläche und der Fugen wird durch diese Oberflächenbehandlung auch bei der Einwirkung von natürlichem oder künstlichem Streiflicht im höchsten Grad minimiert.

optische Anforderungen an die Oberfläche:
- Es dürfen keine Bearbeitungsabdrücke oder Spachtelgrate sichtbar bleiben.
- Bei fein strukturierten Wandbekleidungen (Vliestapeten) zeichnen sich keine untergrundbedingten Unregelmäßigkeiten (glatte und rauere Stellen, Kratzer, Poren) ab.
- Poren müssen geschlossen sein.
- Unebenheiten sind kaum ersichtlich.
- Bearbeitungspuren sind nicht ersichtlich.
- Die Oberflächen müssen gemäß Abschnitt 3.1.4 ATV DIN 18363 „entsprechend der Art des Beschichtungsstoffes und des angewendeten Verfahrens gleichmäßig ohne Ansätze und Streifen erscheinen."

zu beachtende Besonderheiten:
- Randanschlussstreifen dürfen nicht überspachtelt werden und sind ggf. durch Trennschnitt wieder freizulegen.
- Dieser Untergrund ist für die Ausführung aller auf den Untergrund abgestimmten und von dem jeweiligen Hersteller empfohlenen Beschichtungen und Beläge geeignet.
- Strukturierte Wandbekleidungen, Putze, matte und gefüllte Anstriche können das Erscheinungsbild von Abzeichnungen bei Streiflicht reduzieren.
- Der erforderliche Arbeitsaufwand ist abhängig von den Untergrundgegebenheiten, den spezifischen Gegebenheiten, die auf die jeweilige Fläche einwirken, und den zu erwartenden Lichtverhältnissen.
- Bei der Qualitätsstufe GWQ4 plus handelt es sich um eine besonders zu vergütende Leistung.
- Die Ausführung erfolgt mit hochwertigen Produkten und speziellen kurzflorigen Farbwalzen (bei glatten Untergründen immer zu empfehlen) oder nach Möglichkeit im Spritzverfahren.

3.2.5 Schalungsrauer Beton

Schalungsrauer Beton kann für Oberflächen verwendet werden, an die optisch keine besonderen Anforderungen gestellt werden, oder auch ganz bewusst zur kreativen Oberflächengestaltung (Abb. 3.11).

Bei der Ausschreibung von Betonarbeiten muss im Leistungsverzeichnis beschrieben werden, welche abschließende Oberflächenbehandlung und Oberflächengestaltung erfolgt.

Tabelle 3.6:   Arbeitsschritte, Anforderungen und geeignete Oberflächengestaltungen für die Qualitätsstufen BSQ1 und BSQ2

Qualitätsstufe BSQ1	
Arbeitsschritte	**geeignete Oberflächengestaltung**
Beton mit schalungsrauer, poriger Oberfläche; für Oberflächen, an die keine optischen (dekorativen) Anforderungen gestellt werden. Die Qualitätsstufe BSQ1 umfasst für Flächen, die mit Belägen oder Beschichtungen versehen werden, folgenden Arbeitsschritt: Füllen der Fugen (Glätten ist ebenso zu vermeiden wie das seitliche Verziehen des Füllmaterials über den unmittelbaren Fugenbereich hinaus).	Beläge: • Fliesen und Platten • Wandbeläge aus Keramik • Naturwerkstein Beschichtungen: • stumpfmatte bis matte Anstriche/Beschichtungen, z. B. Dispersions-, Silikatanstriche, nach DIN EN 13300 • Beschichtungen mit putzartigem Aussehen • transparente und lasierende Beschichtungen
Anforderungen	

Anforderungen an die Ebenheit der Flächen:
• vereinbarte Beschaffenheit
• Vorhandene Grate, die den Schalungsverlauf nachbilden, sowie Fugen und Versätze sind zulässig.

Anforderungen bei der Einwirkung von natürlichem oder künstlichem Streiflicht:
ohne Anforderungen

optische Anforderungen an die Oberfläche:
• ohne optische Anforderungen an die Oberfläche
• Die vorhandene Betonstruktur, Schalungsabzeichnung, Poren und Versätze bleiben sichtbar.
• Das Erreichen eines stufenlosen Übergangs ist nicht möglich.
• Spachtelstellen bleiben deutlich sichtbar.

zu beachtende Besonderheiten:
• In Abhängigkeit von einer unterschiedlichen Saugfähigkeit des Betons können Lasuranstriche unterschiedlich intensiv wirken.
• Farbtonunterschiede im Beton können durch eine Lasur nicht oder nur bedingt reduziert werden.

Abb. 3.11:   Betondecke, schalungsrau (BSQ2)

Tabelle 3.6:   (Fortsetzung)

Qualitätsstufe BSQ2

Arbeitsschritte	geeignete Oberflächengestaltung
Beton mit schalungsrauer, poriger Oberfläche; für Oberflächen, an die optische (dekorative) Anforderungen gestellt werden und die deshalb bewusst in diesem Verfahren erstellt wurden Die Qualitätsstufe BSQ2 umfasst folgende Arbeitsschritte: • die übliche Vorbehandlung (z.B. Reinigung), • ggf. Betonkosmetik.	Beläge: • Fliesen und Platten • Wandbeläge aus Keramik • Naturwerkstein Beschichtungen: • stumpfmatte bis matte Anstriche/Beschichtungen, z.B. Dispersions-, Silikatanstriche, nach DIN EN 13300 • Beschichtungen mit putzartigem Aussehen • Beschichtungen mit silikatischen Füllstoffen • transparente und lasierende Beschichtungen (Abb. 3.12)

Anforderungen

Anforderungen an die Ebenheit der Flächen:
• vereinbarte Beschaffenheit
• Vorhandene Grate, die den Schalungsverlauf nachbilden, sind zulässig.
• Versätze sind zulässig.

Anforderungen bei der Einwirkung von natürlichem oder künstlichem Streiflicht:
ohne Anforderungen

optische Anforderungen an die Oberfläche:
• vereinbarte optische Anforderungen an die Oberfläche
• Die vorhandene Betonstruktur, Schalungsabzeichnung, Poren und Versätze bleiben sichtbar.
• Das Erreichen eines stufenlosen Übergangs ist nicht möglich.
• Spachtelstellen/Betonkosmetik können sich deutlich abzeichnen.

zu beachtende Besonderheiten:
• In Abhängigkeit von einer unterschiedlichen Saugfähigkeit des Betons können Lasuranstriche unterschiedlich intensiv wirken.
• Farbtonunterschiede im Beton können durch eine Lasur nicht oder nur bedingt reduziert werden.

Abb. 3.12:   Sichtbeton mit Lasuranstrich

3.2.6   Glatter Beton

Die Oberflächenbeschaffenheit und die Ebenheit von Beton sind insbesondere von der Fertigung und von dem Einbau des Betons abhängig. Zum Beispiel können Betonoberflächen der Qualitätsstufe BGQ2 nach dem Spachteln der Fugen, dem Tapezieren mit einer Vliestapete und dem Streichen mit einem stumpfmatten Anstrich eine Oberfläche aufweisen, die einer hohen Oberflächenqualität entspricht, ohne dass die komplette Betonfläche zuvor gespachtelt wurde.

Bei der Ausschreibung von Betonarbeiten muss im Leistungsverzeichnis beschrieben werden, welche abschließende Oberflächenbehandlung und Oberflächengestaltung erfolgt.

Tabelle 3.7:   Arbeitsschritte, Anforderungen und geeignete Oberflächengestaltungen für die Qualitätsstufen BGQ1 bis BGQ4 plus

Qualitätsstufe BGQ1	
Arbeitsschritte	**geeignete Oberflächengestaltung**
Eine Grundverspachtelung (BGQ1) ist für Oberflächen, an die keine optischen (dekorativen) Anforderungen gestellt werden, ausreichend. Die Verspachtelung umfasst: • das Füllen der Stoßfugen zwischen den Betonstößen (Abb. 3.13), • das Abstoßen von überstehendem Spachtelmaterial.	Beläge: • Fliesen und Platten • Wandbeläge aus Keramik • Naturwerkstein

Anforderungen

Anforderungen an die Ebenheit der Flächen:
• vereinbarte Beschaffenheit
• In der Regel beträgt das zulässige Stichmaß gemäß DIN 18202 bei Messpunktabständen von 2,0 m max. 7,0 mm.

Anforderungen bei der Einwirkung von natürlichem oder künstlichem Streiflicht:
ohne Anforderungen

optische Anforderungen an die Oberfläche:
• ohne optische Anforderungen an die Oberfläche
• Abzeichnungen, die werkzeugbedingt sind, Riefen und Grate dürfen deutlich sichtbar sein.

Alternativen:
Anstelle geeigneter gipshaltiger Spachtelmassen können auch geeignete Kalk-Zement-Mörtel verwendet werden.

zu beachtende Besonderheiten:
• Sieht das gewählte Verspachtelungssystem (Spachtelmaterial) Fugendeckstreifen (Bewehrungsstreifen) vor, so schließt die Grundverspachtelung das Einlegen der Fugendeckstreifen ein.
• Fugendeckstreifen sind außerdem dann einzulegen, wenn dies aus konstruktiven Gründen für notwendig erachtet wird.
• Werden die Flächen später mit Bekleidungen und Belägen aus Fliesen und Platten versehen, reicht das Füllen der Fugen aus. Dabei sind das Glätten sowie das seitliche Verziehen des Spachtelmaterials über den unmittelbaren Fugenbereich hinaus zu vermeiden.

Abb. 3.13:   Spachtelung einer Betondecke (BGQ1)

Tabelle 3.7:   (Fortsetzung)

Qualitätsstufe BGQ2 (Standardausführung)

Arbeitsschritte	geeignete Oberflächengestaltung
BGQ2 ist die Standardverspachtelung für übliche Anforderungen an Wand- und Deckenflächen. Die Verspachtelung nach Qualitätsstufe BGQ2 umfasst: • die Grundverspachtelung (BGQ1), • das Nachspachteln (Feinspachteln, Finish), bis ein stufenloser Übergang zur Betonoberfläche hergestellt ist (Abb. 3.14), • in der Regel ein Schleifen der verspachtelten Bereiche.	Beläge: • Fliesen und Platten • Wandbeläge aus Keramik • Glas • Naturwerkstein Bekleidungen: • mittel und grob strukturierte Wandbekleidungen, z.B. Raufasertapeten mit mittlerer oder grober Körnung • fein strukturierte Wandbekleidungen, z.B. Vliestapeten • Glasfasergewebe Putze: • dekorative Oberputze Beschichtungen: • stumpfmatte bis matte Anstriche/Beschichtungen, z.B. Dispersions-, Silikatanstriche, nach DIN EN 13300 • Beschichtungen mit putzartigem Aussehen • Beschichtungen mit silikatischen Füllstoffen

Anforderungen

Betonqualität:
• glatte Oberfläche
• Poren in geringem Umfang
• ohne Grate
• Fugen und geringfügige Versätze bis max. 5,0 mm

Anforderungen an die Ebenheit der Flächen:
• Vereinbarte Beschaffenheit; es empfiehlt sich, Anforderungen an die Ebenheit zu vereinbaren.
• Die Messpunktabstände sollten mindestens 2,0 m betragen. Bei Messpunktabständen von 2,0 m beträgt das Stichmaß max. 4,0 mm.
• Bei Wänden und Decken mit geringerer Breite sind die max. möglichen Messpunktabstände zu wählen und das Stichmaß ist an die geringere Breite anzupassen. Dies entspricht erhöhten Anforderungen an die Ebenheit und Maßhaltigkeit.
• Die Oberflächen sind stufenlos und eben (entsprechend der jeweiligen Qualitätsstufe) herzustellen, was auch für Innen- und Außenecken sowie für Anschlüsse gilt.
• Bei Bedarf sind „andere Genauigkeiten" und Anforderungen an die Ebenheit, entsprechend den Ansprüchen von Auftraggebern und der handwerklichen Umsetzbarkeit, zu vereinbaren.
• Sollten von Auftraggebern objektspezifische „andere Genauigkeiten" gefordert werden, die z.B. in Teilbereichen über der Standardausführung BGQ2 liegen, sind diese „anderen Genauigkeiten" ausführlich zu beschreiben und zu vereinbaren. Dies gilt auch, wenn die Einhaltung der Qualitätsstufe BGQ2 in Teilbereichen nicht erforderlich ist und unterschritten werden soll.
• Bereits beim Rohbau ist es erforderlich, erhöhte Anforderungen an die Ebenheit und an die Maßhaltigkeit (Messpunktabstände mindestens 2,0 m) nach Tabelle 3, Zeilen 4 und 7 DIN 18202 zu stellen.

Anforderungen bei der Einwirkung von natürlichem oder künstlichem Streiflicht:
Bei der Wahl der Standardverspachtelung als Grundlage für Wand- oder Deckenbekleidungen, Anstriche und Beschichtungen können Abzeichnungen, insbesondere bei der Einwirkung von Streiflicht und künstlichem Licht in Form von sich abzeichnenden leichten Strukturunterschieden, glatteres Aussehen der Spachtelstellen, leichten Schattierungen und leichten wellenförmige Abzeichnungen insbesondere im Übergang der verspachtelten Fugenbereichen sowie Abweichungen in der Ebenheit nicht ausgeschlossen werden.

optische Anforderungen an die Oberfläche:
• Es dürfen keine Bearbeitungsabdrücke oder Spachtelgrate sichtbar bleiben.
• Bei fein strukturierten Wandbekleidungen (Vliestapeten) können sich kleinere untergrundbedingte Unregelmäßigkeiten abzeichnen.
• Die Oberflächen müssen gemäß Abschnitt 3.1.4 ATV DIN 18363 *„entsprechend der Art des Beschichtungsstoffes und des angewendeten Verfahrens gleichmäßig ohne Ansätze und Streifen erscheinen."*

zu beachtende Besonderheiten:
• Es ist abhängig von der Betonoberflächenqualität und den Ebenheitsabweichungen, ob es ausreichend ist, nur die Fugenbereiche zu spachteln. Bei geringerer Betonoberflächenqualität oder größeren Ebenheitsabweichungen können aufwendigere Spachtelarbeiten erforderlich sein. Eine hohe Betonoberflächenqualität kann bereits nach dem Spachteln der Fugen eine ausreichende Oberfläche bieten, die nach dem Tapezieren mit Vlies und einem entsprechenden Anstrich der Qualitätsstufe BGQ3 entspricht. Eine präzise Beschreibung des zu bearbeitenden Untergrundes (der Betonoberflächenqualität) ist daher im Leistungsverzeichnis zwingend erforderlich.
• Strukturierte Wandbekleidungen (z.B. Raufasertapeten), Putze, Beschichtungen mit putzartigem Aussehen oder silikatischen Füllstoffen können Abzeichnungen bei Streiflicht reduzieren und kleinere Unregelmäßigkeiten im Untergrund (z.B. Kratzer, Poren u. Ä.) überdecken.

Tabelle 3.7:   (Fortsetzung)

Qualitätsstufe BGQ3	
Arbeitsschritte	**geeignete Oberflächengestaltung**
Zusätzliche, über Grund- und Standardverspachtelung hinausgehende Maßnahmen sind erforderlich, wenn erhöhte Anforderungen an die gespachtelte Oberfläche gestellt werden. Die Verspachtelung nach Qualitätsstufe BGQ3 umfasst: • die Grundverspachtelung (BGQ1), • die Standardverspachtelung (BGQ2) mit einem breiteren Ausspachteln der Fugen, • ein scharfes Abziehen der restlichen Betonoberfläche zum Glätten (Angleichen an die gespachtelten Fugenbereiche) und Abporen der Betonoberfläche, • in der Regel ein Schleifen der verspachtelten Bereiche.	Bekleidungen: • mittel und grob strukturierte Wandbekleidungen, z. B. Raufasertapeten mit mittlerer oder grober Körnung • fein strukturierte Wandbekleidungen, z. B. Vliestapeten • Glasfasergewebe • glatte oder fein strukturierte Wandbekleidungen mit Glanz, z. B. Metall- oder Vinyltapeten • sonstige glatte oder fein strukturierte Wandbekleidungen Putze: • dekorative Oberputze Beschichtungen: • stumpfmatte bis matte Anstriche/Beschichtungen, z. B. Dispersions-, Silikatanstriche, nach DIN EN 13300 • Beschichtungen mit putzartigem Aussehen • Beschichtungen mit silikatischen Füllstoffen

Anforderungen

Betonqualität:
• glatte Oberfläche
• nahezu porenfreie Oberfläche
• ohne Grate
• keine Fugen und Versätze

Anforderungen an die Ebenheit der Flächen:
• Vereinbarte Beschaffenheit; es ist erforderlich, Anforderungen an die Ebenheit zu vereinbaren.
• Die Messpunktabstände sollten mindestens 2,0 m betragen. Bei Messpunktabständen von 2,0 m beträgt das Stichmaß max. 4,0 mm.
• Bei Wänden und Decken mit geringerer Breite sind die max. möglichen Messpunktabstände zu wählen und das Stichmaß ist an die geringere Breite anzupassen. Dies entspricht erhöhten Anforderungen an die Ebenheit und Maßhaltigkeit.
• Die Oberflächen sind stufenlos und eben (entsprechend der jeweiligen Qualitätsstufe) herzustellen, was auch für Innen- und Außenecken sowie für Anschlüsse gilt.
• Bei Bedarf sind „andere Genauigkeiten" und Anforderungen an die Ebenheit, entsprechend den Ansprüchen von Auftraggebern und der handwerklichen Umsetzbarkeit, zu vereinbaren.
• Sollten von Auftraggebern objektspezifische „andere Genauigkeiten" gefordert werden, die z. B. in Teilbereichen über der Qualitätsstufe BGQ3 liegen, sind diese „anderen Genauigkeiten" ausführlich zu beschreiben und zu vereinbaren. Dies gilt auch, wenn die Einhaltung der Qualitätsstufe BGQ3 in Teilbereichen nicht erforderlich ist und unterschritten werden soll.
• Bereits beim Rohbau ist es erforderlich, erhöhte Anforderungen an die Ebenheit und an die Maßhaltigkeit (Messpunktabstände mindestens 2,0 m) nach Tabelle 3, Zeilen 4 und 7 DIN 18202 zu stellen.

Anforderungen bei der Einwirkung von natürlichem oder künstlichem Streiflicht:
• Bereits ab der Qualitätsstufe BGQ3 ist es zu empfehlen, im Leistungsverzeichnis anzugeben, welche Beleuchtungsverhältnisse bei der späteren Nutzung auf die Fläche einwirken. Wenn bei der späteren Nutzung natürliches oder künstliches Streiflicht auf die Oberflächen einwirkt, sollten die Beleuchtungsverhältnisse, wie sie bei der späteren Nutzung auftreten, bereits im Leistungsverzeichnis beschrieben und bei der Ausführung der Arbeiten simuliert werden. Dies stellt eine besonders zu vergütende Leistung dar.
• Auch bei der Qualitätsstufe BGQ3 sind bei Streiflicht sichtbar werdende Unebenheiten in den Oberflächen in Form von leichten Schattierungen und leichten wellenförmigen Abzeichnungen sowie Abweichungen in der Ebenheit zulässig. Grad und Umfang solcher Abzeichnungen sind jedoch gegenüber der Standardausführung BGQ2 geringer.

optische Anforderungen an die Oberfläche:
• Es dürfen keine Bearbeitungsabdrücke oder Spachtelgrate sichtbar bleiben.
• Poren müssen geschlossen sein.
• Die Betonoberfläche muss eine gleichmäßige Oberflächenstruktur (Glätte) aufweisen.
• Bei fein strukturierten Wandbekleidungen (Vliestapeten) zeichnen sich untergrundbedingte Unregelmäßigkeiten (glatte und rauere Stellen, Kratzer, Poren) kaum ab.
• Die Oberflächen müssen gemäß Abschnitt 3.1.4 ATV DIN 18363 *„entsprechend der Art des Beschichtungsstoffes und des angewendeten Verfahrens gleichmäßig ohne Ansätze und Streifen erscheinen."*

Alternativen:
Alternativ zum scharfen Abziehen der Betonoberfläche können, in Abhängigkeit von der vereinbarten Schlussbeschichtung, auch Beschichtungen mit putzartigem Aussehen, wie z. B. Streichputze oder Beschichtungen mit silikatischen Füllstoffen, aufgebracht werden, die für diesen Einsatzbereich von dem Hersteller freigegeben werden.

zu beachtende Besonderheiten:
• Eine hohe Oberflächenqualität des Betons kann bereits nach dem Spachteln der Fugen und dem scharfen Abziehen der restlichen Oberfläche eine Oberflächenqualität bieten, die nach dem Beschichten oder dem Tapezieren mit einer Vliestapete der Qualitätsstufe BGQ4 entspricht. Eine präzise Beschreibung des zu bearbeitenden Untergrundes (der Betonoberflächenqualität) ist daher im Leistungsverzeichnis zwingend erforderlich.
• Strukturierte Wandbekleidungen, Putze, matte und gefüllte Anstriche können das Erscheinungsbild von Abzeichnungen bei Streiflicht reduzieren.

Tabelle 3.7: (Fortsetzung)

Qualitätsstufe BGQ4

Arbeitsschritte	geeignete Oberflächengestaltung

Arbeitsschritte

Um hohe Anforderungen an die gespachtelte Oberfläche zu erfüllen, umfasst die Qualitätsstufe BGQ4 folgende Arbeits-schritte:
- die Grundverspachtelung (BGQ1),
- die Standardverspachtelung (BGQ2) mit einem breiteren Ausspachteln der Fugen,
- eine Vollflächenspachtelung oder ein Abstucken und Glätten der gesamten Betonoberfläche mit einem dafür geeigneten Material (Schichtdicke > 1,0 mm),
- in der Regel ein Schleifen der verspachtelten Bereiche.

geeignete Oberflächengestaltung

Bekleidungen:
- mittel und grob strukturierte Wandbekleidungen, z. B. Raufasertapeten mit mittlerer oder grober Körnung
- fein strukturierte Wandbekleidungen, z. B. Vliestapeten
- glatte oder fein strukturierte Wandbekleidungen mit Glanz, z. B. Metall- oder Vinyltapeten
- Glasfasergewebe
- sonstige glatte oder fein strukturierte Wandbekleidungen mit Glanz

Putze:
- dekorative Oberputze
- Stuccolustro oder andere hochwertige Glätt-Techniken

Beschichtungen:
- stumpfmatte, matte Anstriche/Beschichtungen, z. B. Dispersions-, Silikatanstriche, bis zum mittleren Glanz nach DIN EN 13300
- Beschichtungen mit putzartigem Aussehen
- Beschichtungen mit silikatischen Füllstoffen

Anforderungen

Betonqualität:
- glatte Oberfläche
- porenfreie Oberfläche
- ohne Grate
- keine Fugen und Versätze

Anforderungen an die Ebenheit der Flächen:
- vereinbarte Beschaffenheit; es ist erforderlich Anforderungen an die Ebenheit zu vereinbaren.
- Die Messpunktabstände sollten mindestens 2,0 m betragen. Bei Messpunktabständen von 2,0 m beträgt das Stichmaß max. 3,0 mm.
- Bei Wänden und Decken mit geringerer Breite sind die max. möglichen Messpunktabstände zu wählen und das Stichmaß ist an die geringere Breite anzupassen. Dies entspricht erhöhten Anforderungen an die Ebenheit und Maßhaltigkeit.
- Die Oberflächen sind stufenlos und eben (entsprechend der jeweiligen Qualitätsstufe) herzustellen, was auch für Innen- und Außenecken sowie für Anschlüsse gilt.
- Bei Bedarf sind „andere Genauigkeiten" und Anforderungen an die Ebenheit, entsprechend den Ansprüchen von Auftrag-gebern und der handwerklichen Umsetzbarkeit, zu vereinbaren.
- Sollten von Auftraggebern objektspezifische „andere Genauigkeiten" gefordert werden, die z. B. in Teilbereichen über der Qualitätsstufe BGQ4 liegen, sind diese „anderen Genauigkeiten" ausführlich zu beschreiben und zu vereinbaren. Dies gilt auch, wenn die Einhaltung der Qualitätsstufe BGQ4 in Teilbereichen nicht erforderlich ist und unterschritten werden soll.
- Bereits beim Rohbau ist es erforderlich, erhöhte Anforderungen an die Ebenheit und an die Maßhaltigkeit (Messpunktab-stände mindestens 2,0 m) nach Tabelle 3, Zeilen 4 und 7 DIN 18202 zu stellen.

Anforderungen bei der Einwirkung von natürlichem oder künstlichem Streiflicht:
- Grundsätzlich müssen die Beleuchtungsverhältnisse, wie sie bei der späteren Nutzung vorgesehen sind und auf die Ober-flächen einwirken, im Leistungsverzeichnis beschrieben und bereits während der Spachtelarbeiten installiert oder zumin-dest unter Zuhilfenahme eines geeigneten Leuchtmittels (LED-, Halogenscheinwerfers) imitiert werden. Dies stellt eine besonders zu vergütende Leistung dar.
- Berücksichtigt werden müssen die Grenzen der handwerklichen Ausführung vor Ort.
- Die Möglichkeit von Abzeichnungen an der Plattenoberfläche und der Fugen wird durch diese Oberflächenbehandlung auch bei der Einwirkung von natürlichem oder künstlichem Streiflicht zu einem hohen Grad minimiert.
- Bei der Einwirkung von natürlichem oder künstlichem Streiflicht werden unerwünschte Effekte (z. B. wechselnde Schattie-rungen auf der Oberfläche oder minimale örtliche Markierungen) auf der fertigen Oberfläche weitgehend vermieden, sind aber nicht völlig auszuschließen.

optische Anforderungen an die Oberfläche:
- Es dürfen keine Bearbeitungsabdrücke oder Spachtelgrate sichtbar bleiben.
- Bei fein strukturierten Wandbekleidungen (Vliestapeten) zeichnen sich keine untergrundbedingten Unregelmäßigkeiten (glatte und rauere Stellen, Kratzer, Poren) ab.
- Poren müssen geschlossen sein.
- Unebenheiten sind kaum ersichtlich.
- Bearbeitungsspuren sind kaum ersichtlich.
- Die Oberflächen müssen gemäß Abschnitt 3.1.4 ATV DIN 18363 *„entsprechend der Art des Beschichtungsstoffes und des angewendeten Verfahrens gleichmäßig ohne Ansätze und Streifen erscheinen."*

zu beachtende Besonderheiten:
- Strukturierte Wandbekleidungen, Putze, matte und gefüllte Anstriche können das Erscheinungsbild von Abzeichnungen bei Streiflicht reduzieren.
- Eine präzise Beschreibung des zu bearbeitenden Untergrundes (der Betonoberflächenqualität) ist im Leistungsverzeichnis zwingend erforderlich.

Tabelle 3.7:   (Fortsetzung)

Qualitätsstufe BGQ4 plus	
Arbeitsschritte	**geeignete Oberflächengestaltung**
Um höchste Anforderungen an die Oberfläche zu erfüllen, umfasst die Qualitätsstufe BGQ4 plus folgende Arbeitsschritte: • die Grundverspachtelung (BGQ1), • die Standardverspachtelung (BGQ2) mit einem breiteren Ausspachteln der Fugen, • eine Vollflächenspachtelung oder ein Abstucken und Glätten der gesamten Betonoberfläche mit einem dafür geeigneten Material (Schichtdicke > 1,0 mm), • zusätzliches Nachspachteln und Schleifen, auch einzelner Bereiche der Oberflächen, bis eine ebene und glatte Oberfläche entsteht, die über die Qualitätsstufe BGQ4 hinausgeht.	Bekleidungen: • mittel und grob strukturierte Wandbekleidungen, z. B. Raufasertapeten mit mittlerer oder grober Körnung • fein strukturierte Wandbekleidungen, z. B. Vliestapeten • glatte oder fein strukturierte Wandbekleidungen mit Glanz, z. B. Metall- oder Vinyltapeten • Glasfasergewebe • sonstige glatte oder fein strukturierte Wandbekleidungen mit Glanz Putze: • dekorative Oberputze • Stuccolustro oder andere hochwertige Glätt-Techniken Beschichtungen: • stumpfmatte, matte Anstriche/Beschichtungen, z. B. Dispersions-, Silikatanstriche, bis zum Glanz nach DIN EN 13300 • Beschichtungen mit putzartigem Aussehen • Beschichtungen mit silikatischen Füllstoffen

Anforderungen

Betonqualität:
• glatte Oberfläche
• porenfreie Oberfläche
• ohne Grate
• keine Fugen und Versätze

Anforderungen an die Ebenheit der Flächen:
• Vereinbarte Beschaffenheit; es ist erforderlich, erhöhte Anforderungen an die Ebenheit zu vereinbaren.
• Die Messpunktabstände sollten mindestens 2,0 m betragen. Bei Messpunktabständen von 2,0 m beträgt das Stichmaß ≤ 2,0 mm.
• Bei Wänden und Decken mit geringerer Breite sind die max. möglichen Messpunktabstände zu wählen und das Stichmaß ist an die geringere Breite anzupassen. Dies entspricht erhöhten Anforderungen an die Ebenheit und Maßhaltigkeit.
• Bei Bedarf sind „andere Genauigkeiten" und Anforderungen an die Ebenheit, entsprechend den Ansprüchen von Auftraggebern und der handwerklichen Umsetzbarkeit, zu vereinbaren.
• Bereits für den Rohbau ist es erforderlich, erhöhte Anforderungen an die Ebenheit und an die Maßhaltigkeit (Messpunktabstände mindestens 2,0 m) nach Tabelle 3, Zeilen 4 und 7 DIN 18202 oder höher zu stellen.

Anforderungen bei der Einwirkung von natürlichem oder künstlichem Streiflicht:
• Grundsätzlich müssen die Beleuchtungsverhältnisse, wie sie bei der späteren Nutzung vorgesehen sind und auf die Oberflächen einwirken, im Leistungsverzeichnis beschrieben und bereits während der Spachtelarbeiten installiert oder zumindest unter Zuhilfenahme eines geeigneten Leuchtmittels (LED-, Halogenscheinwerfers) imitiert werden. Dies stellt eine besonders zu vergütende Leistung dar.
• Berücksichtigt werden müssen die Grenzen der handwerklichen Ausführung vor Ort.
• Die Möglichkeit von Abzeichnungen an der Plattenoberfläche und der Fugen wird durch diese Oberflächenbehandlung auch bei der Einwirkung von natürlichem oder künstlichem Streiflicht im höchsten Grad minimiert.

optische Anforderungen an die Oberfläche:
• Es dürfen keine Bearbeitungsabdrücke oder Spachtelgrate sichtbar bleiben.
• Bei fein strukturierten Wandbekleidungen (Vliestapeten) zeichnen sich keine untergrundbedingten Unregelmäßigkeiten (glatte und rauere Stellen, Kratzer, Poren) ab.
• Poren müssen geschlossen sein.
• Unebenheiten sind kaum ersichtlich.
• Bearbeitungsspuren sind nicht ersichtlich.
• Die Oberflächen müssen gemäß Abschnitt 3.1.4 ATV DIN 18363 „entsprechend der Art des Beschichtungsstoffes und des angewendeten Verfahrens gleichmäßig ohne Ansätze und Streifen erscheinen."

zu beachtende Besonderheiten:
• Dieser Untergrund ist für die Ausführung aller auf den Untergrund abgestimmten und von dem jeweiligen Hersteller empfohlenen Beschichtungen und Beläge geeignet.
• Strukturierte Wandbekleidungen, Putze, matte und gefüllte Anstriche können das Erscheinungsbild von Abzeichnungen bei Streiflicht reduzieren.
• Eine präzise Beschreibung des zu bearbeitenden Untergrundes (der Betonoberflächenqualität) ist im Leistungsverzeichnis zwingend erforderlich.
• Die Ausführung erfolgt mit hochwertigen Produkten und speziellen kurzflorigen Farbwalzen (bei glatten Untergründen immer zu empfehlen) oder nach Möglichkeit im Spritzverfahren.

Abb. 3.14: Spachtelung einer Betondecke (BGQ2)

3.3   Putzarbeiten

3.3.1   Abgezogener Putz

Tabelle 3.8:   Arbeitsschritte, Anforderungen und geeignete Oberflächengestaltungen für die Qualitätsstufen PZQ1 bis PZQ3 (Quelle: neu zusammengestellt nach IGB-Merkblatt Nr. 3 [2021])

Qualitätsstufe PZQ1	
Arbeitsschritte	**geeignete Oberflächengestaltung**
Werden keine Anforderungen an die Optik und Ebenheit gestellt, ist eine geschlossene Putzfläche ausreichend, z.B. zur Erstellung einer luftdichten Schicht auf dem Mauerwerk. Die Qualitätsstufe PZQ1 umfasst folgende Arbeitsschritte: ● Putz auftragen und ● verziehen.	–

Anforderungen

Anforderungen an die Ebenheit der Flächen:
● vereinbarte Beschaffenheit
● Werden die Anforderungen der DIN EN 13914-2 „Planung, Zubereitung und Ausführung von Innen- und Außenputzen – Teil 2: Innenputze" (2016), Klasse 0, zugrunde gelegt, gibt es keine Anforderungen an die Ebenheit der Oberfläche.

Anforderungen bei der Einwirkung von natürlichem oder künstlichem Streiflicht:
ohne Anforderungen

optische Anforderungen an die Oberfläche:
● ohne optische Anforderungen an die Oberfläche
● Abzeichnungen, die werkzeugbedingt sind, Riefen und Grate dürfen deutlich sichtbar sein.
● Lunker, Fugeneinfall, offene Poren, Haarrisse oder oberflächennahe Risse können nicht ausgeschlossen werden.

Tabelle 3.8: (Fortsetzung)

Qualitätsstufe PZQ2 (Standardausführung)

Arbeitsschritte	geeignete Oberflächengestaltung
Für Oberflächen von Putzen/Unterputzen, an die keine Anforderungen (z. B. hinsichtlich der Optik) gestellt werden.	Beläge: • Fliesen und Platten • Wandbeläge aus Keramik • Betonwerkstein • Naturwerkstein
Die Qualitätsstufe PZQ2 umfasst folgende Arbeitsschritte: • Putz auftragen, abziehen (schneiden/rabbotieren) und • ausrichten.	Putze: • dekorative Oberputze, Körnung ≥ 2,0 mm • Spachtelputz • Putzglätte

Anforderungen

Anforderungen an die Ebenheit der Flächen:
• Vereinbarte Beschaffenheit; es ist erforderlich, Anforderungen an die Ebenheit zu vereinbaren.
• Werden die Anforderungen der DIN EN 13914-2, Klasse 2, zugrunde gelegt, sollten die Messpunktabstände mindestens 2,0 m betragen. Bei Messpunktabständen von 2,0 m beträgt das zulässige Stichmaß 7,0 mm.
• Bei Wänden und Decken mit geringerer Breite sind die max. möglichen Messpunktabstände zu wählen.
• Die Oberflächen sind stufenlos und eben (entsprechend der jeweiligen Qualitätsstufe) herzustellen. Gleiches gilt für In-nen- und Außenecken sowie für Anschlüsse.
• Bei Bedarf sind „andere Genauigkeiten" und Anforderungen an die Ebenheit, entsprechend den Ansprüchen von Auftrag-gebern und der handwerklichen Umsetzbarkeit, zu vereinbaren.
• Sollten von Auftraggebern objektspezifische „andere Genauigkeiten" gefordert werden, die z. B. in Teilbereichen über der Standardausführung PZQ2 liegen, sind diese „anderen Genauigkeiten" ausführlich zu beschreiben und zu vereinbaren. Dies gilt auch, wenn die Einhaltung der Qualitätsstufe PZQ2 in Teilbereichen nicht erforderlich ist und unterschritten werden soll.

Anforderungen bei der Einwirkung von natürlichem oder künstlichem Streiflicht:
ohne Anforderungen

optische Anforderungen an die Oberfläche:
• ohne optische Anforderungen an die Oberfläche
• Abzeichnungen, die werkzeugbedingt sind, Riefen und Grate dürfen deutlich sichtbar sein.
• Lunker, Fugeneinfall, offene Poren, Haarrisse oder oberflächennahe Risse können nicht ausgeschlossen werden.

zu beachtende Besonderheiten:
Als Untergrund für Fliesen-, Natursteinbeläge u. Ä. darf die Oberfläche nicht gefilzt oder geglättet werden.

Tabelle 3.8: (Fortsetzung)

Qualitätsstufe PZQ3

Arbeitsschritte	geeignete Oberflächengestaltung
Für Oberflächen von Putzen/Unterputzen, an die keine Anforderungen (z. B. hinsichtlich der Optik) gestellt werden. Die Qualitätsstufe PZQ3 umfasst folgende Arbeitsschritte: • Putz auftragen, abziehen (schneiden/rabbotieren) und ausrichten; • zur Erfüllung erhöhter Anforderungen an die Ebenheit können Unterputzprofile oder Putzleisten eingesetzt werden.	Beläge: • Fliesen und Platten, auch großformatig • Wandbeläge aus Keramik • Glas • Naturwerkstein Putze: • dekorative Oberputze, Körnung ≥ 2,0 mm • Spachtelputz • Putzglätte

Anforderungen

Anforderungen an die Ebenheit der Flächen:
- Vereinbarte Beschaffenheit; es ist erforderlich, Anforderungen an die Ebenheit zu vereinbaren.
- Werden die Anforderungen der DIN EN 13914-2, Klasse 3, zugrunde gelegt, sollten die Messpunktabstände mindestens 2,0 m betragen. Bei Messpunktabständen von 2,0 m beträgt das zulässige Stichmaß 5,0 mm.
- Bei Wänden und Decken mit geringerer Breite sind die max. möglichen Messpunktabstände zu wählen.
- Die Oberflächen sind stufenlos und eben (entsprechend der jeweiligen Qualitätsstufe) herzustellen. Gleiches gilt für Innen- und Außenecken sowie für Anschlüsse.
- Bei Bedarf sind „andere Genauigkeiten" und Anforderungen an die Ebenheit, entsprechend den Ansprüchen von Auftraggebern und der handwerklichen Umsetzbarkeit, zu vereinbaren.
- Sollten von Auftraggebern objektspezifische „andere Genauigkeiten" gefordert werden, die z. B. in Teilbereichen über der Qualitätsstufe PZQ3 liegen, sind diese „anderen Genauigkeiten" ausführlich zu beschreiben und zu vereinbaren. Dies gilt auch, wenn die Einhaltung der Qualitätsstufe PZQ3 in Teilbereichen nicht erforderlich ist und unterschritten werden soll.

Anforderungen bei der Einwirkung von natürlichem oder künstlichem Streiflicht:
ohne Anforderungen

optische Anforderungen an die Oberfläche:
- ohne optische Anforderungen an die Oberfläche (Abb. 3.15)
- Werkzeugbedingte Abzeichnungen, Grate und Riefen sind möglich.
- Lunker, Fugeneinfall, offene Poren, Haarrisse oder oberflächennahe Risse sind zulässig.

zu beachtende Besonderheiten:
- Das Anbringen von Unterputzprofilen oder Putzleisten ist eine besonders zu vergütende Leistung.
- Als Untergrund für Fliesen-, Natursteinbeläge u. Ä. darf die Oberfläche nicht gefilzt oder geglättet werden.

Abb. 3.15: Abgezogener Putz (PZQ3)

3.3.2 Geglätteter Putz

Tabelle 3.9: Arbeitsschritte, Anforderungen und geeignete Oberflächengestaltungen für die Qualitätsstufen PGQ1 bis PGQ4 plus (Quelle: neu zusammengestellt nach IGB-Merkblatt Nr. 3 [2021])

Qualitätsstufe PGQ1

Arbeitsschritte	geeignete Oberflächengestaltung
Werden keine Anforderungen an die Optik und Ebenheit gestellt, ist eine geschlossene Putzfläche ausreichend, z.B. zur Erstellung einer luftdichten Schicht auf dem Mauerwerk (Abb. 3.16).	–

Die Qualitätsstufe PGQ1 umfasst folgende Arbeitsschritte:
- Putz auftragen und
- verziehen.

Anforderungen

Anforderungen an die Ebenheit der Flächen:
vereinbarte Beschaffenheit

Anforderungen bei der Einwirkung von natürlichem oder künstlichem Streiflicht:
ohne Anforderungen

optische Anforderungen an die Oberfläche:
- ohne optische Anforderungen an die Oberfläche
- Abzeichnungen, die werkzeugbedingt sind, Riefen und Grate dürfen deutlich sichtbar sein.
- Lunker, Fugeneinfall, offene Poren, Haarrisse oder oberflächennahe Risse können nicht ausgeschlossen werden.

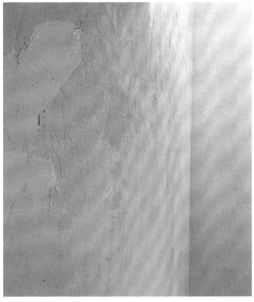

Abb. 3.16: Geglätteter Putz (PGQ1)

Tabelle 3.9   (Fortsetzung)

Qualitätsstufe PGQ2 (Standardausführung)	
Arbeitsschritte	**geeignete Oberflächengestaltung**
Die Standardqualität (PGQ2) genügt den üblichen Anforderungen an Wand- und Deckenflächen. Die Qualitätsstufe PGQ2 umfasst folgende Arbeitsschritte: • einen vollflächigen Putzauftrag, • abziehen, ausrichten, filzen und mit der Putzschlämme glätten. Eine Ausführung als einlagiger Putz oder als Putzlage mit Putzglätte ist möglich.	Bekleidungen: • mittel und grob strukturierte Wandbekleidungen, z. B. Raufasertapeten mit mittlerer oder grober Körnung Putze: • Oberputze, Körnung > 1,0 mm Beschichtungen: • stumpfmatte bis matte Anstriche/Beschichtungen, z. B. Dispersions-, Silikatanstriche, nach DIN EN 13300 (Abb. 3.17) • Beschichtungen mit putzartigem Aussehen • Beschichtungen mit silikatischen Füllstoffen

Anforderungen

Anforderungen an die Ebenheit der Flächen:
• Vereinbarte Beschaffenheit; es ist erforderlich, Anforderungen an die Ebenheit zu vereinbaren.
• Werden die Anforderungen der DIN EN 13914-2, Klasse 3, zugrunde gelegt, sollten die Messpunktabstände mindestens 2,0 m betragen. Bei Messpunktabständen von 2,0 m beträgt das zulässige Stichmaß 5,0 mm.
• Bei Wänden und Decken mit geringerer Breite sind die max. möglichen Messpunktabstände zu wählen.
• Die Oberflächen sind stufenlos und eben (entsprechend der jeweiligen Qualitätsstufe) herzustellen. Gleiches gilt für Innen- und Außenecken sowie für Anschlüsse.
• Bei Bedarf sind „andere Genauigkeiten" und Anforderungen an die Ebenheit, entsprechend den Ansprüchen von Auftraggebern und der handwerklichen Umsetzbarkeit, zu vereinbaren.
• Sollten von Auftraggebern objektspezifische „andere Genauigkeiten" gefordert werden, die z. B. in Teilbereichen über der Standardausführung PGQ2 liegen, sind diese „anderen Genauigkeiten" ausführlich zu beschreiben und zu vereinbaren. Dies gilt auch, wenn die Einhaltung der Qualitätsstufe PGQ2 in Teilbereichen nicht erforderlich ist und unterschritten werden soll.

Anforderungen bei der Einwirkung von natürlichem oder künstlichem Streiflicht:
Bei der Wahl der Standardoberflächenqualität als Grundlage für Wand- oder Deckenbekleidungen, Anstriche und Beschichtungen können Abzeichnungen, insbesondere bei der Einwirkung von Streiflicht und künstlichem Licht in Form von sich abzeichnenden leichten Strukturunterschieden, leichten Schattierungen und leichten wellenförmige Abzeichnungen in der Ebenheit nicht ausgeschlossen werden.

optische Anforderungen an die Oberfläche:
• Es dürfen keine Bearbeitungsabdrücke oder Spachtelgrate sichtbar bleiben (Abb. 3.18).
• Die Oberflächen müssen gemäß Abschnitt 3.1.4 ATV DIN 18363 *entsprechend der Art des Beschichtungsstoffes und des angewendeten Verfahrens gleichmäßig ohne Ansätze und Streifen erscheinen."*

zu beachtende Besonderheiten:
Einlagige Kalk- oder Kalk-Zement-Putze sind geglättet nicht ausführbar.

Abb. 3.17:   Geglätteter Putz (PGQ2) mit Streichputz und mattem Anstrich

Abb. 3.18:   Geglätteter Putz, beauftragt nach PGQ2: Mängel durch sichtbare Bearbeitungsabdrücke

Tabelle 3.9: (Fortsetzung)

Qualitätsstufe PGQ3

Arbeitsschritte	geeignete Oberflächengestaltung
Zusätzliche Maßnahmen werden erforderlich, wenn erhöhte Anforderungen gestellt werden. Die Qualitätsstufe PGQ3 beinhaltet folgende Arbeitsschritte: • einen vollflächigen Putzauftrag, • abziehen, ausrichten, filzen und mit der Putzschlämme glätten; • zusätzlich wird in einem weiteren Arbeitsgang die Putzoberfläche entweder mit einem Glättgang oder mit einem Glättputzauftrag überarbeitet.	Bekleidungen: • mittel und grob strukturierte Wandbekleidungen, z.B. Raufasertapeten mit mittlerer oder grober Körnung • Glasfasergewebe • fein strukturierte Wandbekleidungen, z.B. Vliestapeten Putze: • Oberputze, Körnung ≤ 1,0 mm Beschichtungen: • stumpfmatte bis matte Anstriche/Beschichtungen, z.B. Dispersions-, Silikatanstriche, nach DIN EN 13300 • Beschichtungen mit putzartigem Aussehen • Beschichtungen mit silikatischen Füllstoffen

Anforderungen

Anforderungen an die Ebenheit der Flächen:
• Vereinbarte Beschaffenheit; es ist erforderlich, Anforderungen an die Ebenheit zu vereinbaren.
• Werden die Anforderungen der DIN EN 13914-2, Klasse 4, zugrunde gelegt, sollten die Messpunktabstände mindestens 2,0 m betragen. Bei Messpunktabständen von 2,0 m beträgt das zulässige Stichmaß 3,0 mm.
• Bei Wänden und Decken mit geringerer Breite sind die max. möglichen Messpunktabstände zu wählen.
• Die Oberflächen sind stufenlos und eben (entsprechend der jeweiligen Qualitätsstufe) herzustellen. Gleiches gilt für Innen- und Außenecken sowie für Anschlüsse.
• Bei Bedarf sind „andere Genauigkeiten" und Anforderungen an die Ebenheit, entsprechend den Ansprüchen von Auftraggebern und der handwerklichen Umsetzbarkeit, zu vereinbaren.
• Sollten von Auftraggebern objektspezifische „andere Genauigkeiten" gefordert werden, die z.B. in Teilbereichen über der Qualitätsstufe PGQ3 liegen, sind diese „anderen Genauigkeiten" ausführlich zu beschreiben und zu vereinbaren. Dies gilt auch, wenn die Einhaltung der Qualitätsstufe PGQ3 in Teilbereichen nicht erforderlich ist und unterschritten werden soll.

Anforderungen bei der Einwirkung von natürlichem oder künstlichem Streiflicht:
• Bereits ab der Qualitätsstufe PGQ3 ist es zu empfehlen, im Leistungsverzeichnis anzugeben, welche Beleuchtungsverhältnisse bei der späteren Nutzung auf die Fläche einwirken. Wenn bei der späteren Nutzung natürliches oder künstliches Streiflicht auf die Oberflächen einwirkt, sollten die Beleuchtungsverhältnisse, wie sie bei der späteren Nutzung auftreten, bereits im Leistungsverzeichnis beschrieben und bei der Ausführung der Arbeiten simuliert werden. Dies stellt eine besonders zu vergütende Leistung dar.
• Auch bei der Qualitätsstufe PGQ3 sind bei Streiflicht sichtbar werdende Unebenheiten in den Oberflächen in Form von vereinzelten Traufelstrichen, leichten Schattierungen und leichten wellenförmigen Abzeichnungen sowie Abweichungen in der Ebenheit nicht auszuschließen. Grad und Umfang solcher Abzeichnungen sind jedoch gegenüber der Standardausführung PGQ2 geringer.

optische Anforderungen an die Oberfläche:
• Es dürfen keine Bearbeitungsabdrücke oder Putzgrate sichtbar bleiben.
• Bei fein strukturierten Wandbekleidungen (Vliestapeten) zeichnen sich untergrundbedingte Unregelmäßigkeiten (glatte und rauere Stellen, Kratzer, Poren) kaum ab.
• Die Oberflächen müssen gemäß Abschnitt 3.1.4 ATV DIN 18363 *„entsprechend der Art des Beschichtungsstoffes und des angewendeten Verfahrens gleichmäßig ohne Ansätze und Streifen erscheinen."*

Tabelle 3.9   (Fortsetzung)

Qualitätsstufe PGQ4	
Arbeitsschritte	**geeignete Oberflächengestaltung**
Die Qualitätsstufe PGQ4 erfordert alle Ausführungen der Qualitätsstufe PGQ3 mit erhöhten Anforderungen an die Ebenheit. Die Qualitätsstufe PGQ4 beinhaltet folgende Arbeitsschritte: • einen vollflächigen Putzauftrag, • abziehen, ausrichten, filzen und mit der Putzschlämme glätten; • zusätzlich wird in einem weiteren Arbeitsgang die Putz-oberfläche entweder mit einem Glättgang oder mit einem Glättputzauftrag überarbeitet. • Anschließend erfolgt ein vollflächiges Überarbeiten der Oberfläche mit einem geeigneten Spachtel- oder Glätt-putzmaterial.	Bekleidungen: • mittel und grob strukturierte Wandbekleidungen, z. B. Raufasertapeten mit mittlerer oder grober Körnung • fein strukturierte Wandbekleidungen, z. B. Vliestapeten • glatte oder fein strukturierte Wandbekleidungen mit Glanz, z. B. Metall- oder Vinyltapeten • Glasfasergewebe Putze: • dekorative Oberputze • Stuccolustro oder andere hochwertige Glätt-Techniken Beschichtungen: • stumpfmatte, matte Anstriche/Beschichtungen, z. B. Dispersions-, Silikatanstriche, bis zum mittleren Glanz nach DIN EN 13300 • Beschichtungen mit putzartigem Aussehen • Beschichtungen mit silikatischen Füllstoffen

Anforderungen

Anforderungen an die Ebenheit der Flächen:
• Vereinbarte Beschaffenheit; es ist erforderlich, Anforderungen an die Ebenheit zu vereinbaren.
• Werden die Anforderungen der DIN EN 13914-2, Klasse 4, zugrunde gelegt, sollten die Messpunktabstände mindestens 2,0 m betragen. Bei Messpunktabständen von 2,0 m beträgt das zulässige Stichmaß 3,0 mm.
• Bei Wänden und Decken mit geringerer Breite sind die max. möglichen Messpunktabstände zu wählen.
• Die Oberflächen sind stufenlos und eben (entsprechend der jeweiligen Qualitätsstufe) herzustellen. Gleiches gilt für In-nen- und Außenecken sowie für Anschlüsse.
• Bei Bedarf sind „andere Genauigkeiten" und Anforderungen an die Ebenheit, entsprechend den Ansprüchen von Auftrag-gebern und der handwerklichen Umsetzbarkeit, zu vereinbaren.
• Sollten von Auftraggebern objektspezifische „andere Genauigkeiten" gefordert werden, die z. B. in Teilbereichen über der Qualitätsstufe PGQ4 liegen, sind diese „anderen Genauigkeiten" ausführlich zu beschreiben und zu vereinbaren. Dies gilt auch, wenn die Einhaltung der Qualitätsstufe PGQ4 in Teilbereichen nicht erforderlich ist und unterschritten werden soll.

Anforderungen bei der Einwirkung von natürlichem oder künstlichem Streiflicht:
• Grundsätzlich müssen die Beleuchtungsverhältnisse, wie sie bei der späteren Nutzung vorgesehen sind und auf die Ober-flächen einwirken, im Leistungsverzeichnis beschrieben und bereits während der Putzarbeiten installiert oder zumindest unter Zuhilfenahme eines geeigneten Leuchtmittels (LED-, Halogenscheinwerfers) imitiert werden. Dies stellt eine beson-ders zu vergütende Leistung dar.
• Berücksichtigt werden müssen die Grenzen der handwerklichen Ausführung vor Ort.
• Die Möglichkeit von Abzeichnungen an der Plattenoberfläche und der Fugen wird durch diese Oberflächenbehandlung auch bei der Einwirkung von natürlichem oder künstlichem Streiflicht in einem hohen Grad minimiert.
• Bei der Einwirkung von natürlichem oder künstlichem Streiflicht werden unerwünschte Effekte (z. B. wechselnde Schattie-rungen auf der Oberfläche oder minimale örtliche Markierungen) auf der fertigen Oberfläche weitgehend vermieden, sind aber nicht völlig auszuschließen. Grad und Umfang solcher Abzeichnungen sind jedoch gegenüber der Qualitätsstufe PGQ3 geringer.

optische Anforderungen an die Oberfläche:
• Es dürfen keine Bearbeitungsabdrücke oder Putzgrate sichtbar bleiben.
• Bei fein strukturierten Wandbekleidungen (Vliestapeten) zeichnen sich keine untergrundbedingten Unregelmäßigkeiten (glatte und rauere Stellen, Kratzer, Poren) ab.
• Unebenheiten sind kaum ersichtlich.
• Bearbeitungspuren sind kaum ersichtlich.
• Die Oberflächen müssen gemäß Abschnitt 3.1.4 ATV DIN 18363 *„entsprechend der Art des Beschichtungsstoffes und des angewendeten Verfahrens gleichmäßig ohne Ansätze und Streifen erscheinen."*

zu beachtende Besonderheiten:
• Strukturierte Wandbekleidungen, Putze, matte und gefüllte Anstriche können das Erscheinungsbild von Abzeichnungen bei Streiflicht reduzieren.
• Wenn ein abgezogener Unterputz der Qualitätsstufe PGQ3 vorhanden ist, sollten die Unterputzprofile nach dem Auftrag des Unterputzes entfernt und die Fehlstellen geschlossen werden. Falls Unterputzprofile im Putz verbleiben sollen, kann zur Rissminimierung in die Spachtel- oder Glättputzlage zusätzlich eine Bewehrung eingebettet werden.
• In Abhängigkeit von Ansprüchen der Auftraggeber können weitere Maßnahmen zur Vorbereitung der Oberfläche (PGQ4 plus) erforderlich sein, z. B. für Schlussbeschichtungen mit:
    – glänzenden Beschichtungen und Lackierungen,
    – Lacktapeten.

Tabelle 3.9: (Fortsetzung)

Qualitätsstufe PGQ4 plus

Arbeitsschritte	geeignete Oberflächengestaltung
Die Qualitätsstufe PGQ4 plus stellt höchste Ansprüche an die Oberfläche dar. Diese Qualitätsstufe PGQ4 plus beinhaltet folgende Arbeitsschritte: • einen vollflächigen Putzauftrag, • abziehen, ausrichten, filzen und mit der Putzschlämme glätten; • zusätzlich wird in einem weiteren Arbeitsgang die Putzoberfläche entweder mit einem Glättgang oder mit einem Glättputzauftrag überarbeitet. • Anschließend erfolgt ein vollflächiges Überarbeiten der Oberfläche mit einem geeigneten Spachtel- oder Glättputzmaterial. • Zusätzlich wird in einem weiteren Arbeitsgang die Putzoberfläche weiter geglättet.	Bekleidungen: • mittel und grob strukturierte Wandbekleidungen, z. B. Raufasertapeten mit mittlerer oder grober Körnung • fein strukturierte Wandbekleidungen, z. B. Vliestapeten • glatte oder fein strukturierte Wandbekleidungen mit Glanz, z. B. Metall- oder Vinyltapeten Putze: • dekorative Oberputze • Stuccolustro oder andere hochwertige Glätt-Techniken Beschichtungen: • stumpfmatte, matte Anstriche/Beschichtungen, z. B. Dispersions-, Silikatanstriche, bis zum Glanz nach DIN EN 13300 • Beschichtungen mit putzartigem Aussehen • Beschichtungen mit silikatischen Füllstoffen

Anforderungen

Anforderungen an die Ebenheit der Flächen:
• Vereinbarte Beschaffenheit; es ist erforderlich, Anforderungen an die Ebenheit zu vereinbaren.
• Werden die Anforderungen der DIN EN 13914-2, Klasse 5, zugrunde gelegt, sollten die Messpunktabstände mindestens 2,0 m betragen. Bei Messpunktabständen von 2,0 m beträgt das zulässige Stichmaß 2,0 mm.
• Bei Wänden und Decken mit geringerer Breite sind die max. möglichen Messpunktabstände zu wählen.
• Die Oberflächen sind stufenlos und eben (entsprechend der jeweiligen Qualitätsstufe) herzustellen. Gleiches gilt für Innen- und Außenecken sowie für Anschlüsse.
• Bei Bedarf sind „andere Genauigkeiten" und Anforderungen an die Ebenheit, entsprechend den Ansprüchen von Auftraggebern und der handwerklichen Umsetzbarkeit, zu vereinbaren.
• Sollten von Auftraggebern objektspezifische „andere Genauigkeiten" gefordert werden, die z. B. in Teilbereichen unter der Qualitätsstufe PGQ4 plus liegen, sind diese „anderen Genauigkeiten" ausführlich zu beschreiben und zu vereinbaren.

Anforderungen bei der Einwirkung von natürlichem oder künstlichem Streiflicht:
• Grundsätzlich müssen die Beleuchtungsverhältnisse, wie sie bei der späteren Nutzung vorgesehen sind und auf die Oberflächen einwirken, im Leistungsverzeichnis beschrieben und bereits während der Putzarbeiten installiert oder zumindest unter Zuhilfenahme eines geeigneten Leuchtmittels (LED-, Halogenscheinwerfers) imitiert werden. Dies stellt eine besonders zu vergütende Leistung dar.
• Berücksichtigt werden müssen die Grenzen der handwerklichen Ausführung vor Ort.
• Die Möglichkeit von Abzeichnungen an der Plattenoberfläche und der Fugen wird durch diese Oberflächenbehandlung auch bei der Einwirkung von natürlichem oder künstlichem Streiflicht im höchsten Grad minimiert.

optische Anforderungen an die Oberfläche:
• Es dürfen keine Bearbeitungsabdrücke oder Spachtelgrate sichtbar bleiben.
• Bei fein strukturierten Wandbekleidungen (Vliestapeten) zeichnen sich keine untergrundbedingten Unregelmäßigkeiten (glatte und rauere Stellen, Kratzer, Poren) ab (Abb. 3.19).
• Unebenheiten sind kaum ersichtlich.
• Bearbeitungsspuren sind nicht ersichtlich.
• Die Oberflächen müssen gemäß Abschnitt 3.1.4 ATV DIN 18363 *„entsprechend der Art des Beschichtungsstoffes und des angewendeten Verfahrens gleichmäßig ohne Ansätze und Streifen erscheinen"* (Abb. 3.20).

zu beachtende Besonderheiten:
• Dieser Untergrund ist für die Ausführung aller auf den Untergrund abgestimmten und von dem jeweiligen Hersteller empfohlenen Beschichtungen und Beläge geeignet.
• Strukturierte Wandbekleidungen, Putze, matte und gefüllte Anstriche können das Erscheinungsbild von Abzeichnungen bei Streiflicht reduzieren.
• Der erforderliche Arbeitsaufwand ist abhängig von den Untergrundgegebenheiten, den spezifischen Gegebenheiten, die auf die jeweilige Fläche einwirken, und den zu erwartenden Lichtverhältnissen.
• Bei der Qualitätsstufe PGQ4 plus handelt es sich um eine besonders zu vergütende Leistung.
• Die Ausführung erfolgt mit hochwertigen Produkten und speziellen kurzflorigen Farbwalzen (bei glatten Untergründen immer zu empfehlen) oder nach Möglichkeit im Spritzverfahren.

Abb. 3.19: Putz, abgezogen (PZQ3) und gespachtelt (PGQ4 plus), Schlussbeschichtung: Tapete (Altbau)

Abb. 3.20: Geglätteter Putz (PGQ4 plus), Schlussbeschichtung: Streichputz mit Anstrich (Altbau)

3.3.3 Abgeriebener Putz

Abgeriebene Putze können ein- oder zweilagig auf einem ggf. vorbehandelten Putzgrund ausgeführt werden. Je nach Material und Bearbeitung können unterschiedliche Qualitätsstufen erreicht werden. Unbehandelte abgeriebene Putze können leicht absanden. Dies kann durch eine Beschichtung minimiert werden.

Tabelle 3.10: Arbeitsschritte, Anforderungen und geeignete Oberflächengestaltungen für die Qualitätsstufen PRQ1 bis PRQ4 (Quelle: neu zusammengestellt nach IGB-Merkblatt Nr. 3 [2021])

Qualitätsstufe PRQ1	
Arbeitsschritte	**geeignete Oberflächengestaltung**
Werden keine Anforderungen an die Optik und Ebenheit gestellt, ist eine geschlossene Putzfläche ausreichend, z. B. zur Erstellung einer luftdichten Schicht auf dem Mauerwerk. Die Qualitätsstufe PRQ1 umfasst folgende Arbeitsschritte • Putz auftragen und • verziehen.	–

Anforderungen

Anforderungen an die Ebenheit der Flächen:
vereinbarte Beschaffenheit

Anforderungen bei der Einwirkung von natürlichem oder künstlichem Streiflicht:
ohne Anforderungen

optische Anforderungen an die Oberfläche:
• ohne optische Anforderungen an die Oberfläche
• Abzeichnungen, die werkzeugbedingt sind, Riefen und Grate dürfen deutlich sichtbar sein.
• Lunker, Fugeneinfall, offene Poren, Haarrisse oder oberflächennahe Risse können nicht ausgeschlossen werden.

Tabelle 3.10   (Fortsetzung)

Qualitätsstufe PRQ2 (Standardausführung)	
Arbeitsschritte	**geeignete Oberflächengestaltung**
Die Standardqualität (PRQ2) genügt den üblichen Anforderungen an Wand- und Deckenflächen. Die Qualitätsstufe PRQ2 umfasst folgende Arbeitsschritte: ● einen vollflächigen Putzauftrag, ● abziehen, ausrichten, ● abreiben (z. B. mit einem Reibebrett).	Beschichtungen: ● stumpfmatte bis matte Anstriche/Beschichtungen, z. B. Dispersions-, Silikatanstriche, nach DIN EN 13300

Anforderungen

Anforderungen an die Ebenheit der Flächen:
● Vereinbarte Beschaffenheit; es ist erforderlich, Anforderungen an die Ebenheit zu vereinbaren.
● Werden die Anforderungen der DIN EN 13914-2, Klasse 3, zugrunde gelegt, sollten die Messpunktabstände mindestens 2,0 m betragen. Bei Messpunktabständen von 2,0 m beträgt das zulässige Stichmaß 5,0 mm.
● Bei Wänden und Decken mit geringerer Breite sind die max. möglichen Messpunktabstände zu wählen.
● Die Oberflächen sind stufenlos und eben (entsprechend der jeweiligen Qualitätsstufe) herzustellen (Abb. 3.21). Gleiches gilt für Innen- und Außenecken sowie für Anschlüsse.
● Bei Bedarf sind „andere Genauigkeiten" und Anforderungen an die Ebenheit, entsprechend den Ansprüchen von Auftraggebern und der handwerklichen Umsetzbarkeit, zu vereinbaren.
● Sollten von Auftraggebern objektspezifische „andere Genauigkeiten" gefordert werden, die z. B. in Teilbereichen über der Standardausführung PRQ2 liegen, sind diese „anderen Genauigkeiten" ausführlich zu beschreiben und zu vereinbaren. Dies gilt auch, wenn die Einhaltung der Qualitätsstufe PRQ2 in Teilbereichen nicht erforderlich ist und unterschritten werden soll.

Anforderungen bei der Einwirkung von natürlichem oder künstlichem Streiflicht:
Sich abzeichnende Strukturunterschiede, leichte Schattierungen, Bearbeitungsspuren, kleinere Unebenheiten, Kornanhäufungen und leichte wellenförmige Abzeichnungen sowie Abweichungen in der Ebenheit können insbesondere bei Einwirkung von natürlichem oder künstlichem Streiflicht nicht ausgeschlossen werden.

optische Anforderungen an die Oberfläche:
● Bei einlagigen Putzen können oberflächennahe Risse, Haarrisse oder Fugeneinfall auftreten.
● Die Struktur muss im jeweils vereinbarten Strukturbild gleichmäßig sein. Eine Anhäufung von Körnungen oder strukturlosen Stellen ist nur vereinzelt zulässig. Der Gesamteindruck der Putzoberfläche soll möglichst einheitlich sein.
● Je feiner die Putzstruktur (bzw. je kleiner die Korngröße) ist, desto stärker sind Unebenheiten ersichtlich. Gegebenenfalls ist eine höhere Qualitätsstufe, insbesondere in Bezug auf die Ebenheit vom Putzgrund, zu wählen. Unebenheiten und Fluchtabweichungen dürfen unter gebrauchsüblichen Bedingungen nicht auffällig sichtbar sein.

zu beachtende Besonderheiten:
● Der optische Gesamteindruck der fertiggestellten Oberfläche ist abhängig von dem verwendeten Material und kann je nach Hersteller Unterschiede in der Struktur (Kornzusammensetzung) aufweisen. Es empfiehlt sich, vorab eine Musterfläche anzulegen und von Auftraggebern abnehmen zu lassen.
● Die Mörtelart und das strukturgebende Korn bestimmen die jeweilige Oberflächenstruktur.

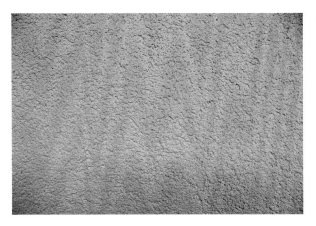

Abb. 3.21:   Geriebener Putz (PRQ2)

Tabelle 3.10:   (Fortsetzung)

Qualitätsstufe PRQ3

Arbeitsschritte	geeignete Oberflächengestaltung
Zusätzliche Maßnahmen werden erforderlich, wenn erhöhte Anforderungen gestellt werden. Die Qualitätsstufe PRQ3 umfasst folgende Arbeitsschritte: • auf den vorhandenen abgezogenen Unterputz den abzureibenden Putz (Kalk- und Kalk-Zement-Putz) auftragen, • abziehen, ausrichten, • abreiben (z. B. mit einem Reibebrett).	Beschichtungen: • stumpfmatte bis matte Anstriche/Beschichtungen, z. B. Dispersions-, Silikatanstriche, nach DIN EN 13300

Anforderungen

Anforderungen an die Ebenheit der Flächen:
• Vereinbarte Beschaffenheit; es ist erforderlich, Anforderungen an die Ebenheit zu vereinbaren.
• Werden die Anforderungen der DIN EN 13914-2, Klasse 4, zugrunde gelegt, sollten die Messpunktabstände mindestens 2,0 m betragen. Bei Messpunktabständen von 2,0 m beträgt das zulässige Stichmaß 3,0 mm.
• Bei Wänden und Decken mit geringerer Breite sind die max. möglichen Messpunktabstände zu wählen.
• Die Oberflächen sind stufenlos und eben (entsprechend der jeweiligen Qualitätsstufe) herzustellen. Gleiches gilt für Innen- und Außenecken sowie für Anschlüsse.
• Bei Bedarf sind „andere Genauigkeiten" und Anforderungen an die Ebenheit, entsprechend den Ansprüchen von Auftraggebern und der handwerklichen Umsetzbarkeit, zu vereinbaren.
• Sollten von Auftraggebern objektspezifische „andere Genauigkeiten" gefordert werden, die z. B. in Teilbereichen über der Qualitätsstufe PRQ3 liegen, sind diese „anderen Genauigkeiten" ausführlich zu beschreiben und zu vereinbaren. Dies gilt auch, wenn die Einhaltung der Qualitätsstufe PRQ3 in Teilbereichen nicht erforderlich ist und unterschritten werden soll.

Anforderungen bei der Einwirkung von natürlichem oder künstlichem Streiflicht:
• Bereits ab der Qualitätsstufe PRQ3 ist es zu empfehlen, im Leistungsverzeichnis anzugeben, welche Beleuchtungsverhältnisse bei der späteren Nutzung auf die Fläche einwirken. Wenn bei der späteren Nutzung natürliches oder künstliches Streiflicht auf die Oberflächen einwirkt, sollten die Beleuchtungsverhältnisse, wie sie bei der späteren Nutzung auftreten, bereits im Leistungsverzeichnis beschrieben und bei der Ausführung der Arbeiten simuliert werden. Dies stellt eine besonders zu vergütende Leistung dar.
• Auch bei der Qualitätsstufe PRQ3 sind bei Streiflicht sichtbar werdende Abzeichnungen in Form von leichten Schattierungen und wellenförmige Abzeichnungen nicht auszuschließen. Grad und Umfang solcher Abzeichnungen sind jedoch gegenüber der Standardausführung PRQ2 geringer.

optische Anforderungen an die Oberfläche:
• Die Struktur muss im jeweils vereinbarten Strukturbild gleichmäßig sein. Eine Anhäufung von Körnungen oder strukturlosen Stellen ist nur vereinzelt zulässig. Der Gesamteindruck der Putzoberfläche soll möglichst einheitlich sein.
• Je feiner die Putzstruktur (bzw. je kleiner die Korngröße) ist, desto stärker sind Unebenheiten ersichtlich. Gegebenenfalls ist eine höhere Qualitätsstufe, insbesondere in Bezug auf die Ebenheit vom Putzgrund, zu wählen. Unebenheiten und Fluchtabweichungen dürfen unter gebrauchsüblichen Bedingungen nicht auffällig sichtbar sein.

zu beachtende Besonderheiten:
• Der optische Gesamteindruck der fertiggestellten Oberfläche ist abhängig von dem verwendeten Material und kann je nach Hersteller Unterschiede in der Struktur (Kornzusammensetzung) aufweisen. Es empfiehlt sich, vorab eine Musterfläche anzulegen und von Auftraggebern abnehmen zu lassen.
• Die Mörtelart und das strukturgebende Korn bestimmen die jeweilige Oberflächenstruktur.

Tabelle 3.10   (Fortsetzung)

Qualitätsstufe PRQ4	
Arbeitsschritte	**geeignete Oberflächengestaltung**
Die Qualitätsstufe PRQ4 stellt höchste Ansprüche an die Oberfläche dar. Die Qualitätsstufe PRQ4 umfasst folgende Arbeitsschritte: Auftrag des Putzes auf geglätteten (mit Haftvermittler) oder eben abgezogenen Untergrund PRQ3. Ausführung: • Putz auftragen, • eben verziehen, antrocknen lassen einer Oberputzschicht in Kornstärke, • anschließend zweite Oberputzschicht auftragen und das angezogene Material abreiben.	Beschichtungen: • stumpfmatte, matte Anstriche/Beschichtungen, z. B. Dispersions-, Silikatanstriche, bis zum mittleren Glanz nach DIN EN 13300 • Lasuren, Lasurtechniken

Anforderungen

Anforderungen an die Ebenheit der Flächen:
• Vereinbarte Beschaffenheit; es ist erforderlich, Anforderungen an die Ebenheit zu vereinbaren.
• Werden die Anforderungen der DIN EN 13914-2, Klasse 4, zugrunde gelegt, sollten die Messpunktabstände mindestens 2,0 m betragen. Bei Messpunktabständen von 2,0 m beträgt das zulässige Stichmaß 3,0 mm.
• Bei Wänden und Decken mit geringerer Breite sind die max. möglichen Messpunktabstände zu wählen.
• Die Oberflächen sind stufenlos und eben (entsprechend der jeweiligen Qualitätsstufe) herzustellen. Gleiches gilt für Innen- und Außenecken sowie für Anschlüsse.
• Bei Bedarf sind „andere Genauigkeiten" und Anforderungen an die Ebenheit, entsprechend den Ansprüchen von Auftraggebern und der handwerklichen Umsetzbarkeit, zu vereinbaren.
• Sollten von Auftraggebern objektspezifische „andere Genauigkeiten" gefordert werden, die z. B. in Teilbereichen über der Qualitätsstufe PRQ4 liegen, sind diese „anderen Genauigkeiten" ausführlich zu beschreiben und zu vereinbaren. Dies gilt auch, wenn die Einhaltung der Qualitätsstufe PRQ4 in Teilbereichen nicht erforderlich ist und unterschritten werden soll.

Anforderungen bei der Einwirkung von natürlichem oder künstlichem Streiflicht:
• Grundsätzlich müssen die Beleuchtungsverhältnisse, wie sie bei der späteren Nutzung vorgesehen sind und auf die Oberflächen einwirken, im Leistungsverzeichnis beschrieben und bereits während der Putzarbeiten installiert oder zumindest unter Zuhilfenahme eines geeigneten Leuchtmittels (LED-, Halogenscheinwerfers) imitiert werden. Dies stellt eine besonders zu vergütende Leistung dar.
• Berücksichtigt werden müssen die Grenzen der handwerklichen Ausführung vor Ort.
• Die Möglichkeit von Abzeichnungen an der Plattenoberfläche und der Fugen wird durch diese Oberflächenbehandlung auch bei der Einwirkung von natürlichem oder künstlichem Streiflicht zu einem hohen Grad minimiert.
• Unerwünschte Effekte, wie z. B. wechselnde Schattierungen auf der Oberfläche, werden weitgehend vermieden, lassen sich jedoch nicht völlig ausschließen.
• Eine absolute Schattenfreiheit bei Streiflicht kann nicht erreicht werden.
• Auch bei der Ausführung der Qualitätsstufe PRQ4 sind bei Streiflicht sichtbar werdende Unebenheiten in den Oberflächen zulässig. Grad und Umfang solcher Abzeichnungen sind jedoch gegenüber der Qualitätsstufe PRQ3 geringer.

optische Anforderungen an die Oberfläche:
• Es dürfen keine Bearbeitungsabdrücke sichtbar bleiben.
• Die Struktur muss im jeweils vereinbarten Strukturbild gleichmäßig sein. Eine Anhäufung von Körnungen oder strukturlosen Stellen ist zu vermeiden. Der Gesamteindruck der Putzoberfläche soll möglichst einheitlich sein.
• Je feiner die Putzstruktur (bzw. je kleiner die Korngröße) ist, desto stärker sind Unebenheiten ersichtlich. Gegebenenfalls ist eine höhere Qualitätsstufe, insbesondere in Bezug auf die Ebenheit vom Putzgrund, zu wählen. Unebenheiten und Fluchtabweichungen dürfen unter gebrauchsüblichen Bedingungen nicht auffällig sichtbar sein

zu beachtende Besonderheiten:
• Der optische Gesamteindruck der fertiggestellten Oberfläche ist abhängig von dem verwendeten Material und kann je nach Hersteller Unterschiede in der Struktur (Kornzusammensetzung) aufweisen. Es empfiehlt sich, vorab eine Musterfläche anzulegen und von Auftraggebern abnehmen zu lassen.
• Die Mörtelart und das strukturgebende Korn bestimmen die jeweilige Oberflächenstruktur.
• Die Ausführung der Beschichtung erfolgt mit hochwertigen Produkten und speziellen kurzflorigen Farbwalzen.

3.3.4 Gefilzter Putz

Gefilzte Putze können ein- oder zweilagig auf einem ggf. vorbehandelten Putzgrund ausgeführt werden. Je nach Material und Bearbeitung können unterschiedliche Qualitätsstufen erreicht werden.

Bei Filzputzen liegt das Größtkorn in den Feinteilen eingebettet und ragt aus der Putzoberfläche teilweise bis gänzlich heraus. Zwischen den Größtkörnern sind die Flächen feinkörnig, deshalb ist ein geringes Absanden (Wischprobe mit der Hand) bei unbehandelten gefilzten Putzen möglich und ist für diese Putzart ein typisches Erscheinungsbild. Dies kann durch eine geeignete Nachbehandlung (z. B. Abfegen) vermindert oder mit einer Beschichtung minimiert werden (IGB-Merkblatt Nr. 3 [2021], S. 10).

Tabelle 3.11: Arbeitsschritte, Anforderungen und geeignete Oberflächengestaltungen für die Qualitätsstufen PFQ1 bis PFQ4 (Quelle: neu zusammengestellt nach IGB-Merkblatt Nr. 3 [2021])

Qualitätsstufe PFQ1	
Arbeitsschritte	**geeignete Oberflächengestaltung**
Werden keine Anforderungen an die Optik und Ebenheit gestellt, ist eine geschlossene Putzfläche ausreichend, z. B. zur Erstellung einer luftdichten Schicht auf dem Mauerwerk. Bei solchen Ausführungen sind Bearbeitungsspuren sichtbar. Die Qualitätsstufe PFQ1 umfasst folgende Arbeitsschritte: ● Putz auftragen und ● verziehen.	–
Anforderungen	

Anforderungen an die Ebenheit der Flächen:
vereinbarte Beschaffenheit

Anforderungen bei der Einwirkung von natürlichem oder künstlichem Streiflicht:
ohne Anforderungen

optische Anforderungen an die Oberfläche:
● ohne optische Anforderungen an die Oberfläche
● Bearbeitungsspuren, deutliche werkzeugbedingte Abzeichnungen, Grate und Riefen sind zulässig.
● Lunker, Fugeneinfall, offene Poren, Haarrisse und oberflächennahe Risse können nicht ausgeschlossen werden.

Tabelle 3.11   (Fortsetzung)

Qualitätsstufe PFQ2 (Standardausführung)

Arbeitsschritte	geeignete Oberflächengestaltung
Die Standardqualität (PFQ2) genügt den üblichen Anforderungen an Wand- und Deckenflächen. Die Qualitätsstufe PFQ2 umfasst folgende Arbeitsschritte: • einen vollflächigen Putzauftrag, • abziehen, ausrichten, • filzen (mit einem Filzbrett).	Beschichtungen: • stumpfmatte bis matte Anstriche/Beschichtungen, z. B. Dispersions-, Silikatanstriche, nach DIN EN 13300

Anforderungen

Anforderungen an die Ebenheit der Flächen:
• Vereinbarte Beschaffenheit; es ist erforderlich, Anforderungen an die Ebenheit zu vereinbaren.
• Werden die Anforderungen der DIN EN 13914-2, Klasse 3, zugrunde gelegt, sollten die Messpunktabstände mindestens 2,0 m betragen. Bei Messpunktabständen von 2,0 m beträgt das zulässige Stichmaß 5,0 mm.
• Bei Wänden und Decken mit geringerer Breite sind die max. möglichen Messpunktabstände zu wählen.
• Die Oberflächen sind stufenlos und eben (entsprechend der jeweiligen Qualitätsstufe) herzustellen. Gleiches gilt für Innen- und Außenecken sowie für Anschlüsse (Abb. 3.22).
• Bei Bedarf sind „andere Genauigkeiten" und Anforderungen an die Ebenheit, entsprechend den Ansprüchen von Auftraggebern und der handwerklichen Umsetzbarkeit, zu vereinbaren.
• Sollten von Auftraggebern objektspezifische „andere Genauigkeiten" gefordert werden, die z. B. in Teilbereichen über der Standardausführung PFQ2 liegen, sind diese „anderen Genauigkeiten" ausführlich zu beschreiben und zu vereinbaren. Dies gilt auch, wenn die Einhaltung der Qualitätsstufe PFQ2 in Teilbereichen nicht erforderlich ist und unterschritten werden soll.

Anforderungen bei der Einwirkung von natürlichem oder künstlichem Streiflicht:
Sich abzeichnende Strukturunterschiede, leichte Schattierungen, Bearbeitungsspuren, kleinere Unebenheiten, Kornanhäufungen und leichte wellenförmige Abzeichnungen sowie Abweichungen in der Ebenheit können insbesondere bei Einwirkung von natürlichem oder künstlichem Streiflicht nicht ausgeschlossen werden.

optische Anforderungen an die Oberfläche:
• Die Struktur muss im jeweils vereinbarten Strukturbild gleichmäßig sein. Eine Anhäufung von Körnungen oder strukturlosen Stellen ist nur vereinzelt zulässig (Abb. 3.23 und 3.24). Der Gesamteindruck der Putzoberfläche soll möglichst einheitlich sein.
• Je feiner die Putzstruktur (bzw. je kleiner die Korngröße) ist, desto stärker sind Unebenheiten ersichtlich. Gegebenenfalls ist eine höhere Qualitätsstufe, insbesondere in Bezug auf die Ebenheit vom Putzgrund, zu wählen. Unebenheiten und Fluchtabweichungen dürfen unter gebrauchsüblichen Bedingungen nicht auffällig sichtbar sein.
• Die Oberflächen müssen gemäß Abschnitt 3.1.4 ATV DIN 18363 *„entsprechend der Art des Beschichtungsstoffes und des angewendeten Verfahrens gleichmäßig ohne Ansätze und Streifen erscheinen."*

zu beachtende Besonderheiten:
• Der optische Gesamteindruck der fertiggestellten Oberfläche ist abhängig von dem verwendeten Material und kann je nach Hersteller Unterschiede in der Struktur (Kornzusammensetzung) aufweisen. Es empfiehlt sich, vorab eine Musterfläche anzulegen und von Auftraggebern abnehmen zu lassen.
• Die Mörtelart und das strukturgebende Korn bestimmen die jeweilige Oberflächenstruktur.

Abb. 3.22:   Gefilzter Putz (PFQ2)

Abb. 3.23:   Gefilzter Putz: leichte Kornanhäufung und strukturlosere Stellen in der Nahaufnahme (PFQ2)

Abb. 3.24:   Gefilzter Putz: leichte Kornanhäufung und strukturlosere Stellen in der Übersicht (PFQ2)

Tabelle 3.11: (Fortsetzung)

Qualitätsstufe PFQ3

Arbeitsschritte	geeignete Oberflächengestaltung
Zusätzliche Maßnahmen werden erforderlich, wenn erhöhte Anforderungen gestellt werden. Die Qualitätsstufe PFQ3 umfasst folgende Arbeitsschritte: • Putz (Gipskalkputz, gipshaltigen Putz, Kalk-, Kalk-Zement- oder Zementputz) auftragen, • ausrichten, • vor- und nachfilzen (mit einem Filzbrett). Kalkputze, Kalk-Zement-Putze und Zementputze werden zweilagig ausgeführt.	Beschichtungen: • stumpfmatte bis matte Anstriche/Beschichtungen, z. B. Dispersions-, Silikatanstriche, nach DIN EN 13300 • Lasuren

Anforderungen

Anforderungen an die Ebenheit der Flächen:
• Vereinbarte Beschaffenheit; es ist erforderlich, Anforderungen an die Ebenheit zu vereinbaren.
• Werden die Anforderungen der DIN EN 13914-2, Klasse 4, zugrunde gelegt, sollten die Messpunktabstände mindestens 2,0 m betragen. Bei Messpunktabständen von 2,0 m beträgt das zulässige Stichmaß 3,0 mm.
• Bei Wänden und Decken mit geringerer Breite sind die max. möglichen Messpunktabstände zu wählen.
• Die Oberflächen sind stufenlos und eben (entsprechend der jeweiligen Qualitätsstufe) herzustellen. Gleiches gilt für Innen- und Außenecken sowie für Anschlüsse.
• Bei Bedarf sind „andere Genauigkeiten" und Anforderungen an die Ebenheit, entsprechend den Ansprüchen von Auftraggebern und der handwerklichen Umsetzbarkeit, zu vereinbaren.
• Sollten von Auftraggebern objektspezifische „andere Genauigkeiten" gefordert werden, die z. B. in Teilbereichen über der Qualitätsstufe PFQ3 liegen, sind diese „anderen Genauigkeiten" ausführlich zu beschreiben und zu vereinbaren. Dies gilt auch, wenn die Einhaltung der Qualitätsstufe PFQ3 in Teilbereichen nicht erforderlich ist und unterschritten werden soll.

Anforderungen bei der Einwirkung von natürlichem oder künstlichem Streiflicht:
• Bereits ab der Qualitätsstufe PFQ3 ist es zu empfehlen, im Leistungsverzeichnis anzugeben, welche Beleuchtungsverhältnisse bei der späteren Nutzung auf die Fläche einwirken. Wenn bei der späteren Nutzung natürliches oder künstliches Streiflicht auf die Oberflächen einwirkt, sollten die Beleuchtungsverhältnisse, wie sie bei der späteren Nutzung auftreten, bereits im Leistungsverzeichnis beschrieben und bei der Ausführung der Arbeiten simuliert werden. Dies stellt eine besonders zu vergütende Leistung dar.
• Auch bei der Qualitätsstufe PFQ3 sind bei Streiflicht sichtbar werdende Abzeichnungen in Form von leichten Schattierungen und wellenförmige Abzeichnungen nicht auszuschließen. Grad und Umfang solcher Abzeichnungen sind jedoch gegenüber der Standardausführung PFQ2 geringer.

optische Anforderungen an die Oberfläche:
• Die Filzstruktur muss im jeweils vereinbarten Strukturbild gleichmäßig sein. Eine Anhäufung von Körnungen oder strukturlosen Stellen ist nur vereinzelt zulässig. Der Gesamteindruck der Putzoberfläche soll möglichst einheitlich sein.
• Je feiner die Filzstruktur (bzw. je kleiner die Korngröße) ist, desto stärker sind Unebenheiten ersichtlich. Gegebenenfalls ist eine höhere Qualitätsstufe, insbesondere in Bezug auf die Ebenheit vom Putzgrund, zu wählen. Unebenheiten und Fluchtabweichungen dürfen unter gebrauchsüblichen Bedingungen nicht auffällig sichtbar sein.
• Die Oberflächen müssen gemäß Abschnitt 3.1.4 ATV DIN 18363 *„entsprechend der Art des Beschichtungsstoffes und des angewendeten Verfahrens gleichmäßig ohne Ansätze und Streifen erscheinen."*

zu beachtende Besonderheiten:
• Der optische Gesamteindruck der fertiggestellten Oberfläche ist abhängig von dem verwendeten Material und kann je nach Hersteller Unterschiede in der Struktur (Kornzusammensetzung) aufweisen. Es empfiehlt sich, vorab eine Musterfläche anzulegen und von Auftraggebern abnehmen zu lassen.
• Die Mörtelart und das strukturgebende Korn bestimmen die jeweilige Oberflächenstruktur.

Tabelle 3.11   (Fortsetzung)

Qualitätsstufe PFQ4	
Arbeitsschritte	**geeignete Oberflächengestaltung**
Das Verputzen umfasst: • Putz (Gipskalkputz, gipshaltigen Putz, Kalk-, Kalk-Zement- oder Zementputz) auftragen, • anziehen und ausrichten, • bei Bedarf zweischichtige Ausführung des Filzputzes (nach dem Ansteifen der ersten Schicht Aufziehen der zweiten Schicht), • vor- und nachfilzen (mit einem Filzbrett). Kalkputze, Kalk-Zement-Putze und Zementputze werden zweilagig ausgeführt.	Beschichtungen: • stumpfmatte, matte Anstriche/Beschichtungen, z. B. Dispersions-, Silikatanstriche, bis zum mittleren Glanz nach DIN EN 13300 • Lasuren

Anforderungen

Anforderungen an die Ebenheit der Flächen:
• Vereinbarte Beschaffenheit; es ist erforderlich, Anforderungen an die Ebenheit zu vereinbaren.
• Werden die Anforderungen der DIN EN 13914-2, Klasse 4, zugrunde gelegt, sollten die Messpunktabstände mindestens 2,0 m betragen. Bei Messpunktabständen von 2,0 m beträgt das zulässige Stichmaß 3,0 mm.
• Bei Wänden und Decken mit geringerer Breite sind die max. möglichen Messpunktabstände zu wählen.
• Die Oberflächen sind stufenlos und eben (entsprechend der jeweiligen Qualitätsstufe) herzustellen. Gleiches gilt für In-nen- und Außenecken sowie für Anschlüsse.
• Bei Bedarf sind „andere Genauigkeiten" und Anforderungen an die Ebenheit, entsprechend den Ansprüchen von Auftrag-gebern und der handwerklichen Umsetzbarkeit, zu vereinbaren.
• Sollten von Auftraggebern objektspezifische „andere Genauigkeiten" gefordert werden, die z. B. in Teilbereichen unter der Qualitätsstufe PFQ4 liegen, sind diese „anderen Genauigkeiten" ausführlich zu beschreiben und zu vereinbaren.

Anforderungen bei der Einwirkung von natürlichem oder künstlichem Streiflicht:
• Grundsätzlich müssen die Beleuchtungsverhältnisse, wie sie bei der späteren Nutzung vorgesehen sind und auf die Ober-flächen einwirken, im Leistungsverzeichnis beschrieben und bereits während der Arbeiten installiert oder zumindest imitiert werden. Dies stellt eine besonders zu vergütende Leistung dar.
• Berücksichtigt werden müssen die Grenzen der handwerklichen Ausführung vor Ort.
• Die Ausführung nach der Qualitätsstufe PFQ4 erfüllt hohe Anforderungen und minimiert die Möglichkeit von Abzeich-nungen an der Oberfläche bei der Einwirkung von natürlichem oder künstlichem Streiflicht.
• Unerwünschte Effekte (z. B. wechselnde Schattierungen auf der Oberfläche) werden weitgehend vermieden, sind aber nicht völlig auszuschließen.
• Eine absolute Schattenfreiheit bei Streiflicht kann nicht erreicht werden.
• Auch bei der Ausführung der Qualitätsstufe PFQ4 sind bei Streiflicht sichtbar werdende Unebenheiten in den Oberflächen zulässig. Grad und Umfang solcher Abzeichnungen sind jedoch gegenüber der Qualitätsstufe PFQ3 geringer.

optische Anforderungen an die Oberfläche:
• Das Strukturbild entspricht der Anforderung an die Qualitätsstufe PFQ3 (gefilzt).
• Das gefilzte Strukturbild muss gleichmäßig sein.
• Es dürfen keine Bearbeitungsabdrücke sichtbar bleiben.
• Die Struktur muss im jeweils vereinbarten Strukturbild gleichmäßig sein. Eine Anhäufung von Körnungen oder struktur-losen Stellen ist zu vermeiden. Der Gesamteindruck der Filzputzoberfläche soll einheitlich sein.
• Je feiner die Filzstruktur (bzw. je kleiner die Korngröße) ist, desto stärker sind Unebenheiten ersichtlich. Gegebenenfalls ist eine höhere Qualitätsstufe, in Bezug auf die Ebenheit vom Putzgrund, zu wählen. Unebenheiten und Fluchtabweichungen dürfen unter gebrauchsüblichen Bedingungen nicht auffällig sichtbar sein.
• Die Oberflächen müssen gemäß Abschnitt 3.1.4 ATV DIN 18363 „entsprechend der Art des Beschichtungsstoffes und des angewendeten Verfahrens gleichmäßig ohne Ansätze und Streifen erscheinen."

zu beachtende Besonderheiten:
• Der optische Gesamteindruck der fertiggestellten Oberfläche ist abhängig von dem verwendeten Material und kann je nach Hersteller Unterschiede in der Struktur (Kornzusammensetzung) aufweisen. Es empfiehlt sich, vorab eine Muster-fläche anzulegen und von Auftraggebern abnehmen zu lassen.
• Die Mörtelart und das strukturgebende Korn bestimmen die jeweilige Oberflächenstruktur.
• Filzputze der Qualitätsstufe PFQ4 können sowohl auf geglätteten (ggf. mit Haftvermittler) als auch auf gefilzten oder auf eben abgezogenen Unterputzen der Qualitätsstufe Q3 ausgeführt werden.
• In Abhängigkeit von der Korngröße des Filzputzes (z. B. Kalk-, Kalk-Zement-, Zementputz) kann eine zweischichtige Aus-führung des Filzputzes notwendig sein. Hierbei wird der Oberputz zweischichtig aufgetragen. Nach dem Ansteifen der ersten Schicht wird die zweite Schicht aufgezogen und gefilzt.

4 Einflüsse auf Oberflächenqualitäten

4.1 Untergrundvorbehandlung

Die Untergrundvorbehandlung hat einen wesentlichen Einfluss auf die Qualität der fertigen Oberfläche. Zur Untergrundvorbehandlung gehören in Abhängigkeit von der beauftragten Qualitätsstufe u. a. das fachgerechte **Schließen** von **Schlitzen**, **Fehlstellen** und **größeren Fugen** mit geeigneten Mörteln sowie in Abhängigkeit vom jeweiligen Untergrund das Auftragen von **Haftbrücken** oder **Aufbrennsperren** (Grundbeschichtungsstoffen/Grundierungen).

Die Herstellerangaben zum Anwendungsbereich von Putzen und Spachtelmassen sowie zu den Anforderungen an die Verarbeitung der Putze und Spachtelmassen sind zu beachten.

Vor einer Beschichtung ist es erforderlich, verspachtelte Untergründe zu entstauben und mit einem **Grundbeschichtungsstoff** (Tiefgrund) zu grundieren. Durch den Grundbeschichtungsstoff wird ein unterschiedliches Saugverhalten von Untergründen angeglichen, wie es z. B. durch in unterschiedlicher Dicke aufgebrachte Spachtelmassen oder durch unterschiedliche Untergründe, wie Spachtelmasse und Gipsplattenoberfläche, entsteht. Vor der Weiterbehandlung der Oberfläche muss der Grundbeschichtungsstoff durchgetrocknet sein.

Gipsplattenoberflächen, die Sonnenlicht ausgesetzt waren, können **Vergilbungserscheinungen** aufweisen. Solche Gipsplatten sollten nicht mehr verbaut werden. Eine Vergilbung nach dem Einbau durch einfallendes Sonnenlicht lässt sich bei angrenzenden großformatigen Fenstern nicht immer vermeiden. In diesem Fall müssen Gipsplattenoberflächen mit einem entsprechenden Sperrgrund vorbehandelt werden. Führt das Aufbringen des Sperrgrunds nicht zum gewünschten Erfolg, ist ein Austausch der Gipsplatten erforderlich.

4.2 Umgebungsbedingungen

Bei ungeeigneten raumklimatischen Bedingungen können Beeinträchtigungen der Baumaterialien nicht ausgeschlossen werden, insbesondere bei Gips- und Gipsfaserplatten, Spachtelmassen und Putzoberflächen. Vor der Ausführung der Arbeiten ist für eine **ausreichende Temperierung** und **Belüftung** der Räume zu sorgen.

Zu kühle Temperaturen können ebenso zu einer Schädigung der Baumaterialien führen wie eine zu hohe Raumluftfeuchtigkeit. Gegebenenfalls sind eine Beheizung und eine technische Trocknung vor und während der Arbeiten sowie danach bis zur vollständigen Trocknung der Baumaterialien erforderlich.

Im weiteren Bauablauf ist dafür zu sorgen, dass keine Kondensatbildung an den Oberflächen entsteht, z. B. durch einen nachfolgenden Estricheinbau.

4.3   Licht- und Beleuchtungsverhältnisse

Für das Erscheinungsbild fertiggestellter Oberflächen sind die Lichtverhältnisse bei natürlichem Tageslicht und die Beleuchtungsverhältnisse bei künstlicher Beleuchtung von entscheidender Bedeutung (Abb. 4.1 bis 4.6). Daher ist für die Ausführung von Spachtel- und Putzarbeiten oftmals eine starke Beleuchtung erforderlich. Die Beleuchtungsbedingungen **während der Ausführung** der Spachtel- und Putzarbeiten sollten die Bedingungen der im Endzustand dauerhaft installierten Beleuchtung zumindest imitieren, ggf. sollte die Beleuchtung während der Arbeiten sogar heller sein, als bei der späteren Nutzung vorgesehen (vgl. A.2 DIN EN 13914-2 „Planung, Zubereitung und Ausführung von Innen- und Außenputzen – Teil 2: Innenputze" [2016]). Dies kann durch eine Ausleuchtung des Arbeitsplatzes z. B. mit LED- oder Halogenscheinwerfern erreicht werden.

Das Erscheinungsbild einer Oberfläche wird auch durch den Beleuchtungswinkel beeinflusst. Kleinere Unebenheiten können durch einen veränderten Beleuchtungswinkel stärker hervortreten. Die Ausleuchtung bei der Ausführung von Spachtel- und Putzarbeiten sollte daher flexibel sein, d. h., die Ausrichtung des Beleuchtungskörpers sollte variabel sein, sodass der zu bearbeitende Untergrund aus verschiedenen Richtungen und Einstellwinkeln beleuchtet werden kann.

Eine Simulation der späteren Lichtquellen und deren Auswirkung auf die Oberflächen kann situationsabhängig bereits für die Qualitätsstufe Q2 ratsam sein. Für die Qualitätsstufe Q3 ist eine entsprechende Simulation zu empfehlen und für die Qualitätsstufen Q4 und Q4 plus ist sie erforderlich.

Den Planern obliegt es, die Oberflächenqualität auch im Hinblick auf die zu erwartenden Licht- und Beleuchtungsverhältnisse in der Ausschreibung bzw. im Leistungsverzeichnis vorzugeben und die Ausführenden vor Beginn des Spachtelns oder Verputzens über die Art und Position der bei der späteren Nutzung dauerhaft installierten Beleuchtungskörper in Kenntnis zu setzen. Mit dem Spachteln oder Verputzen sollte erst begonnen werden, wenn die später auf die fertiggestellten Oberflächen einwirkende Beleuchtung geklärt und für eine ausreichende Beleuchtung während der Spachtel- oder Putzarbeiten gesorgt ist. Das Spachteln oder Verputzen mit einer Simulation von Streiflichtbedingungen stellt eine besonders zu vergütende Leistung dar.

Putzoberflächen und Putzbeschichtungen (Anstriche, Lasuren, Tapeten usw.) werden in handwerklicher Leistung erstellt. Umgebungsbedingungen, Belichtung und Beleuchtung üben einen wesentlichen Einfluss auf die fertiggestellte Oberfläche aus. Eine absolute Schattenfreiheit bei Streiflicht kann daher in der Regel nicht erreicht werden.

Abb. 4.1: Streiflicht (Sonne) und künstliches Licht verstärken Unebenheiten in der Oberfläche.

Abb. 4.2: Streiflicht (Sonne) verstärkt Unebenheiten in der Oberfläche (GPQ3).

Abb. 4.3: Streiflicht (künstliches Licht) verstärkt Unebenheiten in der Oberfläche (GPQ3).

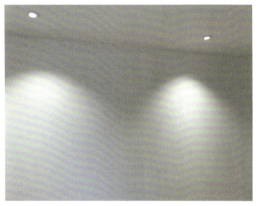

Abb. 4.4: Geringe Abweichungen in der Ebenheit; nur unter Streiflichteinwirkung ersichtlich (GPQ4)

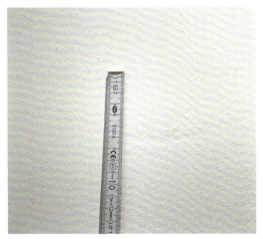

Abb. 4.5: Geringe Abweichungen in der Ebenheit sind häufig nur unter Streiflichteinwirkung ersichtlich.

Abb. 4.6: Bereits geringe Abweichungen in der Ebenheit werden unter Streiflichteinwirkung ersichtlich.

5 Oberflächengestaltungen

Die weitere Behandlung der Oberflächen durch Beläge, Bekleidungen, Putze und Beschichtungen darf erst ausgeführt werden, wenn die Spachtelmasse oder der Putz abgebunden und durchgetrocknet ist. Der jeweilige Untergrund ist zu prüfen und nach Erfordernis mit einem auf die nachfolgende Oberflächengestaltung abgestimmten Grundbeschichtungsstoff vorzubehandeln.

5.1 Wandbekleidungen

5.1.1 Raufasertapeten

Raufasertapeten sind strukturierte, mehrlagig hergestellte Wandbekleidungen aus Papier, deren Struktur durch eingearbeitete Holzfasern entsteht (BFS-Information 05-01). In der Regel erhalten sie nach dem Tapezieren einen Anstrich (Abb. 5.1). Ihre Struktur lässt sich anhand der Körnung ihrer Holzfasern einteilen (siehe Tabelle 5.1).

Tabelle 5.1: Struktureinteilung von Raufasertapeten (Quelle: nach BFS-Information 05-01)

Kurzzeichen	Struktur	Holzfaserlänge[1]	Holzfaserdicke[1]
RG	grobe Körnung	6,0 bis 8,0 mm	1,1 bis 1,3 mm
RM	mittlere Körnung	2,5 bis 6,0 mm	1,0 bis 1,1 mm
RF	feine Körnung	0,3 bis 1,3 mm	0,6 bis 0,7 mm

1) Mindestens 50 % der Fasern müssen die angegebenen Maße aufweisen.

Abb. 5.1: Betondecke (BGQ2) mit Raufasertapete und Anstrich im Streiflicht

5.1.2 Vliestapeten

Glasvliestapeten bestehen aus Glasfasern und Bindemittel aus organischen Polymeren. Sie sind in verschiedenen Ausführungen erhältlich. Viele Hersteller bieten Glasvliesgewebe ab einer Grammzahl (Gewicht/m²) von ca. 35 g/m² bis zu ca. 190 g/m² an. Die Glasvliestapeten unterscheiden sich in der Verarbeitung. Es sind Glasvliestapeten erhältlich, auf denen rückseitig bereits Kleber aufgebracht ist. Dieser Kleber lässt sich durch ein Wasserbad aktivieren und es kann ohne weiteren Kleberzusatz tapeziert werden. Andere Glasvliestapeten werden tapeziert, indem der zugehörige Kleber zuvor auf den zu bearbeitenden Untergrund aufgebracht wird.

Das Gewicht der Glasvliestapete spiegelt sich in der Dicke der Tapete wider. Je höher das Gewicht ist, desto dicker ist die Tapete und umso mehr können (kleinere) Unregelmäßigkeiten im Untergrund kaschiert werden. Auf Gipsplatten, Gipsfaserplatten, geglätteten Putzen und Betonoberflächen ist die Verklebung von glatten Glasvliestapeten ab der Oberflächenqualität Q2 grundsätzlich möglich. Abzeichnungen sind jedoch nicht auszuschließen, daher ist es erforderlich, die Vorstellungen und Ansprüche des Auftraggebers im Vorfeld abzuklären. In der Regel wird mit Glasvliestapeten ab einem Flächengewicht von ca. 130 g/m² ein besseres Ergebnis erzielt als mit „leichteren", dünneren Glasvliestapeten.

Glasvliestapeten werden eingesetzt, um einen homogenen Untergrund zu erzielen, sowie zur Vermeidung von Rissbildungen aus dem Untergrund. In Abhängigkeit von zu erwartenden Bewegungen aus dem Untergrund sind Glasvliestapeten mit einem entsprechenden Gewicht (g/m²) einzusetzen.

Glasvliestapeten sind vorpigmentiert und nicht vorpigmentiert erhältlich. Die vorpigmentierte Variante hat den Vorteil, dass in der Regel ein einmaliger Anstrich ausreicht, um eine ansprechende Oberfläche zu erzielen. Glasvliesgewebe sind als glatte und strukturierte Varianten erhältlich. Die strukturierte Variante eignet sich insbesondere, um Streiflichteinflüsse zu reduzieren.

5.2 Putze

In Abschnitt 6.10.1 DIN EN 13914-2 „Planung, Zubereitung und Ausführung von Innen- und Außenputzen – Teil 2: Innenputze" [2016]) heißt es zu den Arten von Oberflächengestaltungen:

„Zur Gestaltung des Oberputzes existiert eine Vielzahl an Möglichkeiten. Diese können glatte, strukturierte, gemusterte und/oder farbpigmentierte Varianten umfassen. Legt der Planer eine bestimmte Gestaltung der Putzoberfläche fest, muss diese in der Dokumentation (z. B. Vertragsunterlagen) sorgfältig beschrieben werden und vor Beginn der Arbeiten müssen Muster in einer für die gewählte Putzoberfläche repräsentativen Größe hergestellt werden, um sicherzustellen, dass der Ausführende der Putzarbeiten die Festlegungen des Planers erfüllt."

5.2.1 Anforderungen an die Qualität von Putzoberflächen

Ein Innenputzsystem sollte in Bezug auf die Oberflächenqualität gemäß Abschnitt 6.2.1, Spiegelstriche 2 und 3, DIN EN 13914-2 *„eine optisch ansprechende Oberfläche oder den Untergrund für eine solche Oberfläche bilden"* und *„eine ausreichende Oberflächenfestigkeit aufweisen."*

Zu Innenputzsystemen für dekorative Oberflächen gibt Abschnitt 6.8
DIN EN 13914-2 Folgendes an:

*„Die endgültige Oberfläche eines Innenputzsystems sollte entsprechend den
Festlegungen mit der anzuwendenden Dekoration verträglich sein. Wenn zur
Dekoration dünneres Material verwendet wird, müssen die Putzoberflächen
glatter sein [...]."*

Es wird empfohlen, die Tabelle 5 „Qualitätsstufen glatter Oberflächen" der
DIN EN 13914-2 zu verwenden.

Weiter heißt es in Abschnitt 6.8 DIN EN 13914-2:

*„Welches Innenputzsystem und welche Oberflächenbehandlung auch gewählt
wird und wie fachmännisch und gewissenhaft der Ausführende auch immer
arbeitet, das Verputzen bleibt dennoch ein Handwerk. Es sollte anerkannt werden, dass es unmöglich ist, vollständig glatte und maßhaltige Oberflächen zu
erzielen. Beim Anstreichen werden vorhandene Unebenheiten der Oberfläche
meist deutlicher sichtbar. Derartige kleine Unebenheiten werden bei Verwendung von glänzenden oder halbmatten Anstrichstoffen hervorgehoben, vor
allem dann, wenn die verputzte Fläche mit besonders hellem Licht oder unter
Streiflicht beleuchtet wird. Daher müssen bei diesen Arten von Oberflächen
und Beleuchtungen besondere Maßnahmen getroffen werden. Anderenfalls
müssen die sich ergebenden kleineren Unebenheiten akzeptiert werden. [...]*

*ANMERKUNG Das Absorptionsvermögen der Putzoberflächen kann schwan-
ken. Möglicherweise müssen besondere Vorsichtsmaßnahmen ergriffen werden,
um eine gleichmäßige Absorption zu erreichen, z. B. durch Auftragen einer
Grundierung, und um Mängel im Erscheinungsbild der Oberfläche, z. B. eines
Anstrichs, zu vermeiden."*

5.2.2 Putzgruppen und Druckfestigkeitsklassen

Die ehemaligen Putzgruppen sind nach DIN 18550-1 „Planung, Zubereitung
und Ausführung von Außen- und Innenputzen – Teil 1: Ergänzende Festlegungen zu DIN EN 13914-1:2016-09 für Außenputze" (2018) in Tabelle 5.2
den Putzmörtelarten mit mineralischen Bindemitteln zugeordnet.

Tabelle 5.2: Zuordnung der ehemaligen Putzgruppen zu Putzmörtelarten mit mineralischen Bindemitteln (Quelle: DIN 18550-1, Tabelle DE.1)

Bezeichnung	Putzmörtelart
PI	Luftkalkmörtel, Hydraulischer Kalkmörtel (NHL, HL)
PII	Kalk- und Zementmörtel
PIII	Zementmörtel

Entsprechend ihrer Art und ihrer Druckfestigkeit nach der Aushärtung sind
Putzmörtel in DIN 998-1 „Festlegungen für Mörtel im Mauerwerksbau –
Teil 1: Putzmörtel" (2017) und in DIN EN 13279-1 „Gipsbinder und Gips-
Trockenmörtel – Teil 1: Begriffe und Anforderungen" (2008) eingeteilt.

DIN EN 13279-1 legt für Gipsputze eine Druckfestigkeit von mindestens 2 N/mm² fest (Tabelle 5.3).

Tabelle 5.3:   Gipsputze (Quelle: DIN EN 13279-1, Tabelle 1)

Benennung Putzmörtel	Kurz-zeichen	Druck-festigkeit Festmörtel
Gips-Putztrockenmörtel	B1	
gipshaltiger Putztrockenmörtel	B2	
Gipskalk-Putztrockenmörtel	B3	≥ 2 N/mm²
Gipsleicht-Putztrockenmörtel	B4	
gipshaltiger Leicht-Putztrockenmörtel	B5	
Gipskalkleicht-Putztrockenmörtel	B6	
Gips-Trockenmörtel für Putz mit erhöhter Oberflächenhärte	B7	≥ 6 N/mm²
Gips-Trockenmörtel für faserverstärkte Gipselemente	C1	
Akustikputz-Gips-Trockenmörtel	C3	
Wärmedämmputz-Gips-Trockenmörtel	C4	–
Brandschutzputz-Gips-Trockenmörtel	C5	
Dünnlagenputz-Gips-Trockenmörtel	C6	≥ 2 N/mm²

In DIN EN 998-1 wird eine Klassifizierung der Druckfestigkeit von Putzen vorgenommen. Diese Druckfestigkeitsklassen sind in Tabelle 5.4 dargestellt.

Tabelle 5.4:   Druckfestigkeitsklassen – Klassifizierung von Festmörtel (Quelle: DIN EN 998-1, Tabelle 1)

Putzkategorie	Druckfestigkeit
CS I	0,4 bis 2,5 N/mm²
CS II	1,5 bis 5,0 N/mm²
CS III	3,5 bis 7,5 N/mm²
CS IV	≥ 6 N/mm²
CS Compressive Strength (Druckfestigkeit)	

Druckfestigkeitskategorien für Putzmörtel (Festmörtel) nach dem BFS-Merkblatt Nr. 10 „Beschichtungen, Tapezier- und Klebearbeiten auf Innenputz" (2012) zeigt Tabelle 5.5.

Abb. 5.2: Nicht fachgerechte Anstrichausführung bzw. Ausbesserungsstelle

Tabelle 5.5: Kalk-, Kalk-Zement- und Zementmörtel nach DIN EN 998-1 (Quelle: BFS-Merkblatt Nr. 10 [2012], Tabelle 2)

Putzmörtel	Kurzzeichen	Druckfestigkeitskategorie Festmörtel
Normalputzmörtel	GP	CS I bis CS IV
Leichtputzmörtel	LW	CS I bis CS III
Edelputzmörtel	CR	CS I bis CS IV
Einlagenputzmörtel für außen	OC	CS I bis CS IV
Sanierputzmörtel	R	CS II
Wärmedämmputzmörtel	T	CS I bis CS II

CS   Compressive Strength (Druckfestigkeit)

5.3   Beschichtungen

5.3.1   Anforderungen an Beschichtungen

Um eine möglichst einheitliche Oberfläche zu erzielen, sollten zur Vermeidung bzw. Reduzierung des Sheeneffektes Beschichtungen verwendet werden, die nach DIN 13300 „Beschichtungsstoffe – Beschichtungsstoffe für Wände und Decken im Innenbereich – Einteilung" (2023) einen Reflektometerwert (Glanzgrad G4) stumpfmatt < 5 (Messwinkel 85°) aufweisen (siehe Kapitel 5.3.2). Je glänzender Beschichtungen sind, umso kritischer sind diese bei Streiflichteinwirkung und umso eher ersichtlich sind Abzeichnungen.

Bei der Verarbeitung sollten kurzflorige, hochwertige Farbroller verwendet werden oder der Farbauftrag im Spritzverfahren erfolgen. Zu beachten ist, dass Oberflächen, die im Spritzverfahren hergestellt wurden, sehr schwer bis nicht ausbesserungsfähig sind, ohne dass diese Ausbesserungsstellen im Nachhinein sichtbar bleiben (Abb. 5.2).

Die Ausführung der Beschichtungsarbeiten sollte mit einem gleichmäßigen Farbauftrag nass in nass in eine Richtung (möglichst von der Lichtquelle weg) erfolgen.

Glatte Wandbekleidungen, ungefüllte und strukturlose/ungefüllte Anstriche egalisieren keine Unregelmäßigkeiten im Untergrund, sondern können diese Erscheinungen sogar verstärken. Auch das BFS Merkblatt Nr. 12 „Oberflächenbehandlung von Gipsplatten (Gipskartonplatten) und Gipsfaserplatten" (2007) weist darauf hin:

„Die Qualität der Spachtelung wird im Wesentlichen vom gewünschten Aussehen der Oberfläche (der Beschichtung der Wandbekleidung) bestimmt. Durch Spachteln kann die Oberfläche nur geglättet werden. Unebenheiten in der Fläche lassen sich dadurch nur bedingt beseitigen. Die Oberflächengüte ist in Qualitätsstufen definiert (siehe Tabellen Qualitätsstufen).

In Räumen mit indirekter Beleuchtung oder Streiflicht, insbesondere bei der Tapezierung unifarbener glatt-glänzender Wandbekleidung sowie bei glänzenden oder nicht strukturierten Beschichtungen, ist eine Standardverspachtelung Q2 nicht ausreichend. Eine ausreichende Oberflächenqualität wird ggf. mit Qualitätsstufe Q3 oder Q4 erreicht." (BFS Merkblatt Nr. 12, S. 8)

5.3.2   Beschichtungseigenschaften

Deckvermögen

Die Einteilung des Deckvermögens erfolgt in den Klassen 1 bis 4. Beschichtungen der Klasse 1 haben das höchste Deckvermögen, die der Klasse 4 das geringste und die Klassen 2 und 3 liegen dazwischen. Das Deckvermögen sollte immer im Zusammenhang mit der Ergiebigkeit betrachtet werden. Die hochwertigste Beschichtung zeichnet sich aus durch ein hohes Deckvermögen (Klasse 1) bei gleichzeitig hoher Ergiebigkeit (geringem Verbrauch). Die Angabe der Ergiebigkeit erfolgt in m^2/l.

Glanzgrad

Nach DIN EN 13300 werden 4 Glanzgrade unterschieden: glänzend, mittlerer Glanz, matt und stumpfmatt. Der Glanzgrad einer Beschichtung wirkt sich auf das plastische Profil des Untergrundes aus. Strukturen im Untergrund, z. B. von Putzen, geprägten Tapeten oder Mustern von Glasgeweben, treten bei einem höheren Glanzgrad optisch stärker hervor als bei matteren Beschichtungen.

Insbesondere bei einer zusätzlichen Streiflichteinwirkung können störende Einflüsse aus dem Untergrund und/oder der Oberflächenstruktur mit zunehmendem Glanzgrad stärker in Erscheinung treten (Abb. 5.3).

Nassabrieb

Der Nassabrieb von Beschichtungen wird nach DIN EN 13300 in 5 Klassen unterschieden. Die Klasse 1 ist die Klasse mit dem geringsten Abrieb und die Klasse 5 diejenige mit dem höchsten Abrieb. Die Einteilung in die Klassen erfolgt nach einer Prüfung, bei der ermittelt wird, wie hoch der Abrieb der

Abb. 5.3: An glän-
zenden Oberflächen
sind kleinste Unregel-
mäßigkeiten erkenn-
bar.

Beschichtung in einem genormten Testverfahren ist. Die Nassabriebklasse lässt sich bei einer verarbeiteten Beschichtung am Objekt nicht prüfen.

In der höchsten Nassabriebklasse 1 befinden sich stumpfmatte wie auch glänzende Beschichtungen. Bedingt durch die unterschiedliche Oberflächenstruktur glänzender und matter Beschichtungen sind jedoch Unterschiede in der Strapazier- und Reinigungsfähigkeit der aufgebrachten Beschichtungen gegeben. Grundsätzlich lassen sich glänzende Beschichtungen durch ihre dichtere und glattere Oberfläche besser reinigen als matte Beschichtungen, auch wenn sie der gleichen Nassabriebklasse zugeordnet werden.

Zum Reinigen matter Beschichtungen muss die Beschichtung an der Oberfläche, wenn auch minimal, abgetragen werden. Dies geschieht bereits beim Reiben z. B. mit einem Tuch und kann deutlich sichtbare glänzende „Reinigungsspuren" hinterlassen.

Korngröße

Die maximale Korngröße von Beschichtungen wird nach DIN EN 13300 in 3 Stufen von S1 fein (bis 100 µm) über S2 mittel (bis 300 µm) bis S3 grob (über 1.500 µm) unterteilt. Zur mittleren Korngröße zählen Streichputze, zur groben Korngröße Strukturputze.

5.3.3 Nachbesserungen

Nachbesserungen (Ausbesserungen) sind auf glatten Oberflächen, die Streiflicht ausgesetzt sind, nahezu nicht möglich, ohne dass sie im Nachhinein optisch erkennbar sind. Selbst bei der Verwendung einer Beschichtung aus dem gleichen Gebinde, mit dem die Fläche gestrichen wurde, und des gleichen Werkzeuges können sich solche Stellen abzeichnen. Die Ursache der Abzeichnungen liegt in einer Veränderung der Oberflächenstruktur und einer, wenn auch sehr geringen, Erhöhung der Schichtdicke an der Nachbesserungsstelle. Auch die Lichtreflexion wird durch den weiteren Farbauftrag verändert.

Die Saugfähigkeit des Untergrundes und das erforderliche dünne Ausstreichen bei Nachbesserungen fördern diese Abzeichnungen zusätzlich. Daher wird in der Regel bei **glatten** Oberflächen mit **Streiflichteinwirkung** ein kompletter **Neuanstrich** statt einer Nachbesserung der betroffenen Deckenoder Wandfläche erforderlich.

5.3.4   Klebebänder

Die **Klebekraft** von Klebebändern, die zum Abkleben auf beschichteten Untergründen verwendet werden, darf **nicht zu hoch** sein. Hierzu heißt es in „Abklebe- und Abdeckmaßnahmen – Merkblatt für Maler und Stuckateure" (2019):

„Sollten beschichtete Untergründe abgeklebt werden, sind nur Klebebänder mit geringer bis mittlerer Klebekraft einzusetzen. Die Einsatzdauer der Abklebungen ist zeitlich zu begrenzen, da Folgeschäden (wie Beschichtungsablösungen, Farbtonveränderungen, Klebebandrückstände usw.) nicht auszuschließen sind." (Abklebe- und Abdeckmaßnahmen [2019], S. 15)

„Grundsätzlich empfiehlt es sich, die jeweilige Verklebung so kurz wie möglich auf dem Untergrund zu belassen." (Abklebe- und Abdeckmaßnahmen [2019], S. 10)

„Das Entfernen der Klebebänder gelingt am besten durch vorsichtiges gleichmäßiges flaches Abziehen (nicht ruckartig)." (Abklebe- und Abdeckmaßnahmen [2019], S. 30)

Dies sollten auch die **Nutzer** der Räumlichkeiten nach Fertigstellung der Beschichtungsarbeiten berücksichtigen, wenn sie Gegenstände (z. B. Fotos o. Ä.) auf der Wandoberfläche anbringen wollen. Die hierfür verwendeten Klebebänder verfügen oft über eine den Nutzern nicht bekannte Klebekraft und werden häufig über einen längeren Zeitraum an den Wänden belassen. Über längere Zeiträume können Weichmacher aus dem Klebeband auf die Beschichtung einwirken und den Untergrund schädigen. Bei einem Entfernen des Klebebandes können durch eine hohe Klebekraft des verwendeten Klebebandes oder durch ein ruckartiges Abziehen des Klebebandes Schädigungen des Untergrundes (Ablösungen der Beschichtung) entstehen. Solche Schädigungen sind in der Regel nicht auf einen Produktmangel des zur Beschichtung verwendeten Beschichtungsstoffes oder auf Verarbeitungsfehler der Ausführenden der Beschichtungsarbeiten zurückzuführen. Die Ursache ist in diesem Fall eine nicht für diesen Zweck vorgesehene Nutzung des Untergrundes.

5.4 Eignung von Wandbekleidungen und Beschichtungen für verschiedene Putzuntergründe

5.4.1 Eignung von Wandbekleidungen

Die Zuordnungen gelten für neue Innenputze entsprechend DIN EN 998-1 und DIN EN 13279-1. Alte Putze sind auf ihre Eignung zu prüfen. Die jeweilige Eignung des Untergrundes für die Art der Wandbekleidung ist aus Tabelle 5.6 zu entnehmen.

Tabelle 5.6: Eignung von Wandbekleidungen auf Kalk, Kalk-Zement-, Zement- und Gipsputzen (Quelle: BFS-Merkblatt Nr. 10 [2012], Tabelle 7)

Wand-bekleidungen	Kalk-, Kalk-Zement- und Zementputze nach DIN EN 998-1			Gipsputze nach DIN EN 13279-1
	CS I	CS II	CS III; CS IV	B1 bis B7, C6
		Druckfestigkeit in N/mm²		
	0,4 bis 2,5	1,5 bis 5	3,5 bis 7,5; ≥ 6	≥ 2
leichte Tapeten	–	+	+	+
schwere Tapeten	–	+/–[1]	+	+
Spezialtapeten	nach Angaben des Herstellers			
Wandbekleidungen für nachträgliche Beschichtungen				
Raufaser mit Beschichtung	–	+	+	+
Glasfasergewebe/ technische Vliese (Malervlies) mit Beschichtung	–	+/–[1]	+	+

+   geeignet
+/–   bedingt geeignet
–   nicht geeignet

1) Putze der Festigkeitsklasse CS II sind als Untergrund für diese Wandbekleidungen nur geeignet, wenn die deklarierte Druckfestigkeit mindestens 2 N/mm² beträgt oder der Hersteller des Putzmörtels die Eignung ausdrücklich bestätigt.

5.4.2   Eignung von Beschichtungen

Für die Beurteilung des Untergrundes gelten die gleichen Voraussetzungen wie für Wandbekleidungen. Die jeweilige Eignung von Beschichtungen auf verschiedenen Putzen ist aus Tabelle 5.7 zu entnehmen.

Tabelle 5.7:   Eignung von Beschichtungen auf Kalk-, Kalk-Zement-, Zement- und Gipsputzen (Quelle: BFS-Merkblatt Nr. 10 [2012], Tabelle 6). Die Zuordnungen gelten für neue Innenputze, entsprechend DIN EN 998-1 und DIN EN 13279-1. Alte Putze sind auf ihre Eignung zu prüfen.

Beschichtungsstoffe	Kalk-, Kalk-Zement- und Zementputze nach DIN EN 998-1			Gipsputze nach DIN EN 13279-1
	CS I	CS II	CS III; CS IV	B1 bis B7, C6
	Druckfestigkeit in N/mm²			
	0,4 bis 2,5	1,5 bis 5	3,5 bis 7,5; ≥ 6	≥ 2
Kalkfarben	+	+	+	+
Kalk-Weißzementfarben	+	+	+	–
Silikatfarben	–	+	+	+/–
Dispersions-Silikatfarben	+/–[1]	+	+	+/–
Kunstharzputze auf Basis Organo-Silikat	–	+	+	+/–
Leimfarben	+	+	+	+
Dispersionsfarben ≥ R 3	+	+	+	+
Dispersionsfarben ≤ R 2	–	+/–[2]	+	+
Dispersionslackfarben	–	+/–[2]	+	+
gefüllte Dispersionsfarben	–	+/–[2]	+	+
Dispersionsfarben mit Raufasereffekt	–	+/–[2]	+	+
Kunstharzputze auf Basis Siliconharz auf Basis Dispersion	–	+/–[2]	+	+
Mehrfarben-Effektbeschichtungen	–	+/–[2]	+	+
Epoxidharz- und Polyurethanharzlackfarben	–	+/–[2]	+	+

+	geeignet
+/–	bedingt geeignet
–	nicht geeignet
R	Nassabriebklasse nach DIN EN 13300

1) Verfestigende Grundierungen sind nicht zulässig.
2) Putze der Festigkeitsklasse CS II sind als Untergrund für diese Beschichtungen nur geeignet, wenn die deklarierte Druckfestigkeit mindestens 2 N/mm² beträgt oder der Hersteller des Putzmörtels die Eignung ausdrücklich bestätigt.

5.5 Sichtbeton

Die Anforderungen an Sichtbetonflächen in dem DBV-Merkblatt „Sichtbeton" (2015) sind für die Herstellung der Flächen an das Betonbaugewerk gerichtet. Aber auch für die **Beschichtung** von Beton in Innenräumen können diese Angaben hilfreich sein, um die zu beschichtende Oberfläche einschätzen zu können. Die unterschiedlichen Anforderungen an die Betonqualitätsstufen „geringe Anforderungen", „normale Anforderungen" und besondere Anforderungen liefern bereits einen ersten Eindruck über die zu erwartende Betonoberfläche. In dem DBV-Merkblatt „Sichtbeton" (2015) werden die Anforderungen an Sichtbetonflächen hinsichtlich folgender Aspekte zu Qualitätsstufen zugeordnet (Tabelle 5.8):

- Textur,
- Farbtongleichmäßigkeit,
- Ebenheit,
- Arbeits- und Schalhautfugen,
- Porigkeit und
- Schalhautklasse.

Die Anforderungen an Textur, Porigkeit, Farbtongleichmäßigkeit und Ebenheit sind im DBV-Merkblatt „Sichtbeton" (2015) in die Sichtbetonklassen SB1 bis SB4 eingeteilt (Tabelle 5.9).

Tabelle 5.8: Anforderungen an Eigenschaften von Sichtbetonflächen in den einzelnen Qualitätsstufen (Quelle: nach DBV-Merkblatt „Sichtbeton" [2015], Abb. 2.2)

Qualitäts-stufe	Anforderungen
	Textur
T1	weitgehend geschlossene Zementleim- bzw. Mörteloberfläche
	In den Schalelementstößen austretender Zementleim/Feinmörtel bis ca. 20 mm Breite und ca. 10 mm Tiefe ist zulässig.
	Rahmenabdruck des Schalelements zugelassen
T2	geschlossene und weitgehend einheitliche Betonfläche
	In den Schalelementstößen austretender Zementleim/Feinmörtel bis ca. 10 mm Breite und ca. 5 mm Tiefe ist zulässig.
	Höhe verbleibender Grate bis ca. 5 mm zulässig
	Rahmenabdruck des Schalelements zugelassen
T3	glatte, geschlossene und weitgehend einheitliche Betonfläche
	In den Schalelementstößen austretender Zementleim/Feinmörtel bis ca. 3 mm Breite ist zulässig.
	feine, technisch unvermeidbare Grate bis ca. 3 mm Höhe zulässig
	Weitere Anforderungen (z. B. Ankerausbildung, Schalungshautstöße, Konenverschlüsse) sind detailliert festzulegen.

Tabelle 5.8:   (Fortsetzung)

Qualitäts-stufe	Anforderungen
	Farbtongleichmäßigkeit
FT1	Hell-/Dunkelverfärbungen sind zulässig.
	Schmutzflecken sind unzulässig.
FT2	Gleichmäßige, großflächige Hell-/Dunkelverfärbungen in der Flächen-färbung sind zulässig.
	Schmutzflecken sind unzulässig.
	Unterschiedliche Arten und Vorbehandlungen der Schalhaut sowie Beton-ausgangsstoffe verschiedener Art und Herkunft sind unzulässig.
FT3	Bei saugender Schalungshaut sind großflächige Verfärbungen, verursacht durch Ausgangsstoffe verschiedener Art und Herkunft, unterschiedliche Art und Vorbehandlung der Schalhaut und ungeeignete Nachbehandlung des Betons unzulässig.
	Zulässig sind geringe Hell-/Dunkelverfärbungen (z.B. leichte Wolkenbil-dung, geringe Farbtonabweichungen).
	Unzulässig sind Schmutzflecken, deutlich sichtbare Schüttlagen sowie Verfärbungen, verursacht durch Nichteinhaltung der Vorgaben aus An-hang A, Tabelle 3 DBV-Merkblatt „Sichtbeton" (2015).
	Hinweis: Farbtonunterschiede und Verfärbungen sind auch bei großer Sorgfalt und bei Einhaltung der Vorgaben aus Anhang A, Tabelle 3 DBV-Merkblatt „Sichtbeton" (2015) nicht gänzlich auszuschließen.
	Ebenheit
E1	nach Tabelle 3, Zeile 5 DIN 18202
E2	nach Tabelle 3, Zeile 6 DIN 18202
E3	nach Tabelle 3, Zeile 6 DIN 18202
	Höhere Ebenheitsanforderungen sind gesondert zu vereinbaren. Dafür erforderliche Aufwendungen und Maßnahmen sind detailliert festzulegen.
	Hinweis: Höhere Ebenheitsanforderungen, z.B. nach Tabelle 3, Zeile 7 DIN 18202, sind technisch nicht zielsicher erfüllbar.
	Arbeits- und Schalhautfugen
AF1	Versatz der Flächen im Fugen- bzw. Stoßbereich bis ca. 10 mm zulässig
AF2	Versatz der Flächen im Fugen- bzw. Stoßbereich bis ca. 10 mm zulässig
	Feinmörtelaustritte aus vorhergehenden Betonierabschnitten sollten rechtzeitig entfernt werden.
	In Arbeitsfugen werden Trapezleisten o.Ä. empfohlen.

Tabelle 5.8: (Fortsetzung)

Qualitäts-stufe	Anforderungen
AF3	Versatz der Flächen im Fugen- bzw. Stoßbereich bis ca. 5 mm zulässig
	Feinmörtelaustritte aus vorhergehenden Betonierabschnitten sollten rechtzeitig entfernt werden.
	In Arbeitsfugen werden Trapezleisten o. Ä. empfohlen.
AF4	Planung der Detailausführung erforderlich
	Versatz der Flächen im Fugen- bzw. Stoßbereich bis ca. 3 mm zulässig
	Feinmörtelaustritte aus vorhergehenden Betonierabschnitten sollten rechtzeitig entfernt werden.
	Weitere Anforderungen (z. B. Ausbildung von Arbeitsfugen und Schalungs-stößen) sind detailliert festzulegen.

Porigkeit (max. Porenanteil in mm²)[1]

P1	≤ ca. 3.000 (ca. 1,2 % der Prüffläche)
P2	≤ ca. 2.250 (ca. 0,9 % der Prüffläche)
P3	≤ ca. 1.500 (ca. 0,6 % der Prüffläche)
P4	≤ ca. 750 (ca. 0,3 % der Prüffläche)

Schalhautklasse

SHK1	Bohrlöcher mit Kunststoff- oder Holzstöpsel oder mit geeigneten Repara-turverfahren verschließen
	Zulässig sind: Nagel-, Schraublöcher, Beschädigungen durch Schalhaut oder Innenrüttler, Kratzer, Beton- und Mörtelreste (keine flächige Anhaf-tung), Zementschleier, Aufquellen der Schalungshaut in Schraub- bzw. Nagelbereichen oder Welligkeiten an Kantenflächen (Ripplings).
SHK2	Zulässig sind: Bohrlöcher als fachgerechte Reparaturstellen, Nagel-, Schraublöcher ohne Absplitterung, leichte Kratzer in SB2 bis 1,0 mm Tiefe, sonst als Reparaturstelle, Zementschleier.
	Nicht zulässig sind: Beschädigungen durch Schalhaut oder Innenrüttler (als Reparaturstellen in Absprache mit dem Auftraggeber zulässig), leichte Kratzer in SB2 bis 1,0 mm Tiefe, Beton- und Mörtelreste.
	Aufquellen der Schalungshaut in Schraub- bzw. Nagelbereichen oder Wel-ligkeiten an Kantenflächen (Ripplings) in SB2 zulässig, in SB3 nicht zulässig
SHK3	Nicht zulässig sind: Bohrlöcher, Nagellöcher und Schraublöcher, Beschädi-gungen durch Schalhaut oder Innenrüttler, Kratzer, Beton- und Mörtelreste, Zementschleier, Aufquellen der Schalungshaut in Schraub- bzw. Nagelbe-reichen oder Welligkeiten an Kantenflächen (Ripplings).

1) Porenanteil in mm² der Poren im Durchmesser d in den Grenzen 2 mm $< d <$ 15 mm (je Prüffläche 500 mm × 500 mm); 750 mm² entsprechen 0,30 % der Prüffläche (500 mm × 500 mm).

Tabelle 5.9:   Sichtbetonklassen (Quelle: nach DBV-Merkblatt „Sichtbeton" [2015], Abb. 2.1)

Qualitätsstufe		Anforderungen/ Eigenschaft/Eignung	Anforderungen an geschalte Sichtbetonflächen nach Klassen in Bezug auf folgende Aspekte:					
			Textur	Porigkeit		Farbtongleich- mäßigkeit		Eben- heit
				s	ns	s	ns	
geringe Anforderung	SB1	geringe gestalterische Anforderungen; z. B. Kellerwände, Be- reiche mit vorwiegend gewerblicher Nutzung	T1	P1		FT1	FT1	E1
normale Anforderung	SB2	normale gestalterische Anforderungen; z. B. Treppenhäuser, Stützwände	T2	P2	P1	FT2	FT2	E1
besondere Anforderung	SB3	hohe gestalterische Anforderungen; z. B. Wohnräume, repräsentative Bauteile	T2	P3	P2	FT2	FT2	E2
	SB4	besonders hohe gestal- terische Bedeutung; z. B. Wohnräume, repräsentative Bauteile	T3	P4	P3	FT3	FT2	E3

s   saugende Schalhaut
ns nicht saugende Schalhaut

1) Die Ansichtsfläche einer Sichtbetonklasse kann grundsätzlich nur in ihrer gestalterischen Gesamt-
wirkung angemessen beurteilt werden und nicht nach einzelnen Merkmalen. Daher soll die Nichter-
füllung von vertraglich vereinbarten Einzelmerkmalen im Sinne des DBV-Merkblatts „Sichtbeton"
(2015) nicht zu einer Mängelbeseitigungspflicht führen, wenn der Gesamteindruck des betroffenen
Bauteils oder Bauwerks in seiner positiven Gestaltungswirkung nicht gestört ist.

6 Beurteilung fertiggestellter Oberflächen

6.1 Beurteilungsgrundlagen

Bei der Beurteilung von fertiggestellten Leistungen ist der Ist-Zustand im Vergleich mit dem Soll-Zustand zu beurteilen. Wenn als Soll-Zustand z. B. die Oberflächenqualität GPQ2 vereinbart wurde, dürfen Abweichungen ersichtlich sein, wie sie bei dieser Qualitätsstufe zu erwarten sind. Dies betrifft auch bei Streiflicht oder künstlicher Beleuchtung ersichtliche optische Unregelmäßigkeiten, sofern die Oberfläche der Qualitätsstufe GPQ2 entspricht. Mit zunehmenden Ansprüchen und gleichzeitig höheren vereinbarten Qualitätsstufen müssen diese Unregelmäßigkeiten geringer werden (Abb. 6.1).

Da die Anforderungen an den optischen Eindruck von Oberflächen bisher nur selten ausdrücklich vertraglich vereinbart werden, ist im Allgemeinen die Regelleistung nach den allgemein anerkannten Regeln der Technik von Auftragnehmern zu erbringen. Diese Regeln sehen u. a. vor, dass Beschichtungen mit der Hand oder maschinell ausgeführt werden dürfen (vgl. Abschnitt 3.1.3 ATV DIN 18363 „Maler- und Lackierarbeiten – Beschichtungen" [2019]). Das heißt, dass Auftragnehmer die Arbeitsweise **frei wählen**

Abb. 6.1: Beurteilung fertiggestellter Oberflächen: Bei Streiflicht können in Abhängigkeit von der gewählten Qualitätsstufe der Oberflächenbeschaffenheit mehr oder weniger Abzeichnungen ersichtlich sein; hier: fachgerechte Ausführung nach GPQ4.

kann, wenn keine bestimmte Ausführungsart in der Leistungsbeschreibung ausgeschlossen ist. Zu berücksichtigen ist dabei jedoch, dass neben dem verwendeten Beschichtungsstoff auch das Auftragsverfahren das Erscheinungsbild der beschichteten Oberfläche beeinflusst.

Zusätzlich beschreiben die allgemein anerkannten Regeln der Technik, wie eine fertige Beschichtung aussehen soll. Nach Abschnitt 3.1.4 ATV DIN 18363 müssen Oberflächen *„entsprechend der Art des Beschichtungsstoffes und des angewendeten Verfahrens gleichmäßig ohne Ansätze und Streifen erscheinen."*

Bedenken sind anzumelden u. a. bei *„Unebenheiten, die die technischen und optischen Anforderungen an die Beschichtung beeinträchtigen."* (Abschnitt 3.1.1, letzter Spiegelstrich ATV DIN 18363) Näheres zu Bedenken siehe Kapitel 10.2.

Der Auftraggeber kann eine optisch einwandfreie Leistung erwarten. Dies sollte aber nicht so weit gehen, dass die Grenzen handwerklicher Machbarkeit nicht gesehen werden, was für die Regelleistung genauso wie für speziell vereinbarte Anforderungen gilt. Eine Abweichung innerhalb bestimmter Toleranzen ist zulässig. Die Grenzbereiche dieser Toleranzen sind insbesondere bei der visuellen Beurteilung beschichteter Oberflächen jedoch nicht immer leicht zu bestimmen.

Werden gespachtelte oder verputzte Oberflächen unter **speziellen Lichtverhältnissen** (z. B. Streiflicht durch Sonneneinstrahlung oder künstliche Beleuchtung) beurteilt oder abgenommen, dann müssen diese nachträglich auf die fertige Oberfläche einwirkenden Lichtverhältnisse den Auftragnehmern bereits vor der Ausführung der Arbeiten bekannt gewesen sein. Es ist Aufgabe von Planern oder Auftraggebern, die Auftragnehmer vor der Ausführung der Arbeiten über die späteren Lichtverhältnisse aufzuklären und die Arbeiten entsprechend auszuschreiben bzw. eine entsprechende Qualitätsstufe zu wählen, bei der die zu erwartende Oberflächenqualität den Anforderungen der Auftraggeber entspricht.

Die Prüfung, ob Grenzwerte nach DIN 18202 „Toleranzen im Hochbau – Bauwerke" (2019) eingehalten wurden, ist bei der Beurteilung der Ebenheit und insbesondere der Optik von fertiggestellten Oberflächen in der Regel nicht zielführend (siehe Kapitel 7.3). Die DIN 18202 regelt keine anzuwendenden Messpunktabstände, sondern bietet lediglich Vorschläge. Im Einzelfall bleibt die Bewertung den für das Maler- und Lackiererhandwerk oder das Stuckateurhandwerk bestellten Sachverständigen vorbehalten. Bei der Beurteilung ist zu berücksichtigen, dass bei einer handwerklichen Leistung Unregelmäßigkeiten kaum zu vermeiden sind.

Werden **erhöhte Anforderungen** gestellt, so müssen diese gesondert vereinbart sein. Bei erhöhten Anforderungen ist zu empfehlen, die Anforderungen an die Beschaffenheit so präzise wie möglich zu formulieren und durch vergleichbare Musterflächen festzulegen. Da die Toleranzgrenzen für Unregelmäßigkeiten unterschiedlich sein können und von verschiedenen Faktoren abhängig sind, ist jeder Einzelfall individuell zu überprüfen. Insbesondere sind dabei die vertraglichen Vereinbarungen zugrunde zu legen (Abb. 6.2 bis 6.4).

Abb. 6.2: Nicht fachgerecht ausgeführter Eckbereich und Anstrich; die Oberfläche kann keiner Qualitätsstufe zugeordnet werden bzw. entspricht keiner Qualitätsstufe.

Abb. 6.3: Falten in der Vliestapete, ungleichmäßige Applikation der Beschichtung

Abb. 6.4: Grobe Struktur der Beschichtung, bedingt durch ungeeignetes Werkzeug bei der Applikation

6.2 Hilfestellung zur Mangelbeurteilung

DIN-Normen

Bei DIN-Normen handelt es sich um private technische Regelungen mit Empfehlungscharakter. Bei Normen, die über einen längeren Zeitraum nicht verändert und angepasst wurden, ist zu prüfen, ob diese Normen noch den allgemein anerkannten Regeln der Technik entsprechen. Ein pures Verlassen auf DIN-Normen bei der Planung und Ausführung der Arbeiten sowie auch bei der Bewertung der fertiggestellten Arbeiten sollte hinterfragt werden.

BGH, Urteil vom 14.05.1998 – VII ZR 184/97, BauR 1998, 872 (873):

„Die DIN-Normen sind keine Rechtsnormen, sondern private technische Regelungen mit Empfehlungscharakter. Sie können die anerkannten Regeln der Technik wiedergeben oder hinter diesen zurückbleiben."

Ob **DIN-Normen** den **allgemein anerkannten Regeln der Technik** entsprechen, kann unter folgenden Gesichtspunkten geprüft werden (vorgeschlagen von Kamphausen, BauR 1983, 175 f., zitiert nach Seibel, 2016, S. 102):

„– Zunächst muss die DIN-Norm etc. überhaupt für den betreffenden technischen Bereich einschlägig sein (Geltungsbereich und Schutzzweck der Norm).
– Weiterhin ist zu prüfen, ob die DIN-Norm etc. den betreffenden technischen Bereich abschließend, d. h. lückenlos und vollständig, erfassen will. Eine Konkretisierungswirkung scheidet aus, wenn die DIN-Norm etc. hinsichtlich des einschlägigen technischen Sachverstandes Regelungslücken aufweist.
– Sind die ersten beiden Punkte geklärt, muss sich die DIN-Norm etc. am Inhalt der allgemein anerkannten Regeln der Technik messen lassen.
– Schließlich dürfen die in der DIN-Norm etc. enthaltenen und ursprünglich einmal den allgemein anerkannten Regeln der Technik entsprechenden Anforderungen ihre allgemeine Anerkennung nicht wieder verloren haben (technischer Fortschritt – Alter der Norm)."

Hinweis

Aufgrund dieser Prüfung ist zu hinterfragen, inwieweit die DIN 18202 (Passnorm) zur optischen Bewertung fertiggestellter Oberflächen geeignet ist (siehe Kapitel 7.3).

Geringe Abweichungen vom Soll-Zustand

Werden die vertraglich festgelegten Grenzwerte, z. B. aus dem Leistungsverzeichnis, unterschritten bzw. liegt die Ausführung der Arbeiten nicht im Rahmen des vertraglich zu Erwartenden bzw. des allgemein Üblichen, so liegt ein Mangel vor.

Ist die Beeinträchtigung der Verwendungseignung durch diesen Mangel jedoch sehr gering, der Aufwand einer Nachbesserung aber unverhältnismäßig hoch, so kann der Mangel auch ggf. durch Minderung von Auftraggebern abgegolten werden. Zur Bewertung der Unverhältnismäßigkeit sind die Mangelbeseitigungskosten im Verhältnis zu dem mit der Mangelbeseitigung zu erreichenden Erfolg zu sehen und nicht, wie oft angenommen, das Verhältnis zwischen Werklohn- und Mangelbeseitigungskosten.

Deutliche Abweichungen vom Sollzustand, gravierende Mängel

Ist die Beeinträchtigung der Verwendungseignung und/oder der Beschaffenheit deutlich, so ist der Mangel ohne Ansehen des entstehenden Aufwandes gemäß § 635 Bürgerliches Gesetzbuch (BGB) vom 2. Januar 2002 nachzu-

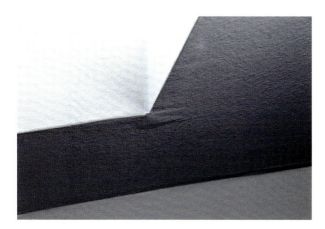

Abb. 6.5: Optisch störende Unebenheiten sowie Blasenbildung in der Tapete stellen eine mangelhafte Leistung dar.

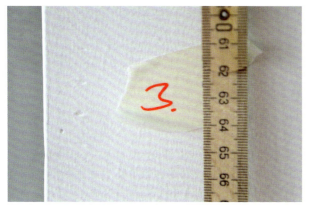

Abb. 6.6: Kennzeichnung kleiner und kleinster Unregelmäßigkeiten, wie sie vor der Bauabnahme oft vom Eigentümer vorgenommen werden

bessern. Mängel, die eine Einschränkung der Gebrauchstauglichkeit nach sich ziehen, sind nicht hinnehmbare Mängel. Dies gilt auch für optische Mängel (Abb. 6.5). Auftragnehmer haben je nach Art und Umfang des Mangels die Wahl, das Werk nachzubessern oder neu herzustellen. Die Nacherfüllung von nicht hinnehmbaren Mängeln ist erforderlich, da eine vereinbarte oder übliche Dauerhaftigkeit und Gebrauchstauglichkeit nicht zu erwarten ist. Lehnen Auftragnehmer die Nacherfüllung wegen unverhältnismäßig hohen Aufwands ab, so kann der Besteller den Mangel gemäß § 637 BGB selbst beseitigen und Ersatz der erforderlichen Aufwendungen verlangen.

Kriterien der Mangelbeurteilung

In Abhängigkeit von der beauftragten Qualitätsstufe dürfen unter normalen Betrachtungsbedingungen, bei höheren Qualitätsstufen auch unter Streiflichtbedingungen, keine optisch störenden Unregelmäßigkeiten vorhanden sein. Einen Betrachtungsabstand zur optischen Beurteilung von Oberflächen von mindestens 2,0 m, wie er teilweise von Sachverständigen zur Beurteilung vorgegeben wird, gibt es nicht. Relevant ist der gebrauchsübliche Abstand, der z. B. in einem Flur auch deutlich geringer ausfallen kann.

Keinesfalls sollte bei einer Beurteilung in den unteren Qualitätsstufen nach Unregelmäßigkeiten gesucht werden (Abb. 6.6). Wie in Kapitel 3, Tabel-

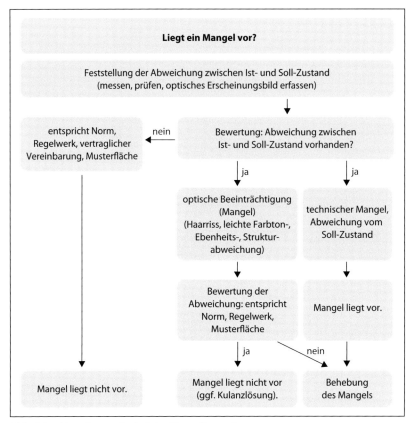

Abb. 6.7: Vorgehensweise bei der Mangelbeurteilung

len 3.2 bis 3.11, beschrieben, dürfen entsprechende Unregelmäßigkeiten vorkommen, die mit der Höhe der Qualitätsstufe jedoch deutlich nachlassen sollten.

Manche Sachverständige vertreten die Meinung, dass bei der visuellen Beurteilung beschichteter Oberflächen der „Geltungswert" der verschiedenen Flächen zu berücksichtigen ist. Hier wird z. B. unterschieden, ob sich die beschichtete Fläche in einem Wohnzimmer oder in einem WC befindet. Diese Unterscheidung ist jedoch nicht richtig. Ausschlaggebend ist die vereinbarte Beschaffenheit (Qualitätsstufe) für die jeweilige Oberfläche. Wenn mit dem Auftraggeber für das Wohnzimmer sowie für das WC für die Wand- und Deckenoberflächen z. B. die Qualitätsstufe Q4 vereinbart wurde, ist es gleichgültig, ob das WC als „untergeordneter Raum" angesehen wird. Auftraggeber können dann auch im WC Oberflächen nach der Qualitätsstufe Q4 verlangen.

Vorgehensweise bei der Mangelbeurteilung

Abb. 6.7 soll die Vorgehensweise bei der Mangelbeurteilung erleichtern. Die wichtigste Frage wird immer die nach der vereinbarten Beschaffenheit sein. Erst dann kann beurteilt werden, ob die vorhandene Beschaffenheit

(Ist-Zustand) der vereinbarten Beschaffenheit (Soll-Zustand) entspricht. Daraus lässt sich vereinfacht beurteilen, ob ein technischer Mangel vorliegt.

Beurteilung von Tapezierarbeiten (insbesondere Vliestapeten, Raufasertapeten)

Tapezierte Oberflächen sollen grundsätzlich einen einheitlichen und optisch ansprechenden Eindruck erwecken. Sie setzen sich aus handwerklich verarbeiteten Bahnen zusammen. Eine Oberfläche wie bei industriell gefertigten Oberflächen ist daher nicht zu erwarten.

Dennoch sollten die Oberflächen keine Unregelmäßigkeiten aufweisen, wie z. B. Nähte, die sich bei auf Stoß verklebter Ware störend abzeichnen. Zu beachten ist jedoch, dass es insbesondere bei strukturierten Tapeten nicht umsetzbar ist, Nahtbereiche so herzustellen, dass sie aus allen Blickrichtungen unsichtbar sind.

Unterschiedliche Applikationsverfahren (Pinsel, Rolle, Spritzauftrag) ergeben beim Auftrag des Beschichtungsstoffes ein unterschiedliches Beschichtungsbild.

Beurteilung von Putzarbeiten

Zur Beurteilung von **Putzoberflächen** heißt es in Abschnitt 4 der Richtlinie „Strukturierte Putzoberflächen – Visuelle Anforderungen" (2017):

„Putzoberflächen sind unter gebrauchsüblichen Bedingungen (Blickposition, Abstand, Belichtung/Beleuchtung) zu beurteilen.

Nicht gebrauchsüblich zur Beurteilung von Putzoberflächen ist ein Abstand bzw. eine Blickposition, wenn hierfür z. B. eine benachbarte Dachfläche betreten, eine Leiter, ein Hebegerät oder wenn Hilfsmittel wie ein Vergrößerungs- oder Fernglas benutzt werden."

Sind besondere Anforderungen an die Ebenheit (Oberflächenqualität), z. B. aufgrund der Beleuchtungsbedingungen, vertraglich vereinbart, müssen diese in die Beurteilung mit einbezogen werden. Es kann erforderlich sein, die Ebenheit der Putzoberflächen unabhängig und getrennt von der Beurteilung der Putzstruktur festzustellen und zu beurteilen.

Die Putzoberfläche muss folgende Anforderungen erfüllen (vgl. Abschnitt 5.1 Richtlinie „Strukturierte Putzoberflächen" [2017]):

- Die Putzstruktur muss im jeweiligen Strukturbild gleichmäßig sein.
- Eine Anhäufung von Körnungen oder strukturlosen Stellen ist, in Abhängigkeit von der vereinbarten Ausführungsart und Qualitätsstufe, nur vereinzelt zulässig.
- Der Gesamteindruck der Putzoberfläche darf nicht gestört sein. Beschichtungen/Anstriche können Strukturunterschiede nicht oder nur sehr begrenzt ausgleichen.
- Kanten und Ecken müssen geradlinig bzw. den Vereinbarungen entsprechend (z. B. abgeschrägt, rund) verlaufen.
- Anschlüsse dürfen keine unkontrolliert verlaufenden Risse aufweisen.

7 Normen zur Ebenheit und Optik von Oberflächen

7.1 ATV DIN 18340, ATV DIN 18350 und ATV DIN 18363

Für die Oberflächenqualität bei Trockenbauarbeiten legt Abschnitt 3.1.3 ATV DIN 18340 „Trockenbauarbeiten" (2019) Folgendes fest:

*„**3.1.3** Abweichungen von vorgeschriebenen Maßen sind in den durch DIN 18202 ‚Toleranzen im Hochbau – Bauwerke' bestimmten Grenzen zulässig.*

Bei Streiflicht sichtbar werdende Unebenheiten in den Oberflächen sind zulässig, wenn diese die Grenzwerte nach DIN 18202 nicht überschreiten.

Werden an die Ebenheit, an die Maßhaltigkeit erhöhte Anforderungen nach DIN 18202:2013-04, Tabelle 3, Zeile 4 und 7 gestellt, so sind die erforderlichen Leistungen Besondere Leistungen [...]."

Hinweis

Es ist nicht ausreichend, sich in der Leistungsbeschreibung auf Abschnitt 3.1.3 ATV DIN 18340 zu berufen. Bedingt durch die möglichen großen Abweichungen in der Ebenheit, auch bei Einhaltung der Vorgaben aus der DIN 18202 „Toleranzen im Hochbau – Bauwerke" (2019), können Oberflächen erstellt werden, die nicht den üblichen Anforderungen entsprechen.

Abschnitt 3.1.2 ATV DIN 18350 „Putz- und Stuckarbeiten" (2019):

*„**3.1.2** Abweichungen von vorgeschriebenen Maßen sind in den durch DIN 18202 bestimmten Grenzen zulässig.*

Bei Streiflicht sichtbar werdende Unebenheiten in den Oberflächen sind zulässig, wenn diese die Grenzwerte nach DIN 18202 nicht überschreiten.

Werden an die Ebenheit erhöhte Anforderungen nach DIN 18202:2013-04, Tabelle 3, Zeile 7 gestellt, so sind die erforderlichen Leistungen Besondere Leistungen [...]."

Hinweis

Die Angaben der DIN 18202 sind nicht konform mit der Klassifizierung der Ebenheit von verputzten Oberflächen nach DIN EN 13914-2 „Planung, Zubereitung und Ausführung von Innen- und Außenputzen – Teil 2: Innenputze" (2016). Die Klassifizierung der Ebenheit nach DIN EN 13914-2 (siehe Kapitel 7.2) ist bei verputzten Oberflächen den Angaben zur Ebenheit von Flächen der DIN 18202 vorzuziehen.

Abschnitt 3.1.4 ATV DIN 18363 „Maler- und Lackierarbeiten – Beschichtungen" (2019):

*„**3.1.4** Die Oberflächen müssen entsprechend der Art des Beschichtungsstoffes und des angewendeten Beschichtungsverfahrens gleichmäßig ohne Ansätze und Streifen erscheinen."*

Hinweis

In der ATV DIN 18363 findet sich z. B. kein Hinweis auf die Einhaltung der DIN 18202. Zur Einhaltung der DIN 18202 finden sich jedoch in BFS-Merkblättern folgende Zitate:

BFS-Merkblatt Nr. 10 (2012), S. 5: *„Der Putz muss frei von Unebenheiten nach DIN 18202 sein. Bei erhöhten Anforderungen können nach dieser Norm besondere Ebenheitsabweichungen vereinbart werden. Im Altbau vorhandene Unebenheiten und Maßabweichungen sind nicht nach dieser Norm zu beurteilen. Die Verringerung oder Beseitigung der im Baubestand vorhandenen Ebenheits-, Winkel- und Fluchtabweichungen bedarf zusätzlicher Spachtel- oder Putzarbeiten und muss daher ausdrücklich vereinbart werden."*

BFS-Merkblatt Nr. 12 (2007), S. 6: *„Wand- und Deckenflächen aus Gipsplatten und Gipsfaserplatten müssen ebenflächig (vergleiche DIN 18202), glatt, trocken und unbeschädigt sein [...]."*

7.2   DIN EN 13914-2

Zur Ebenheit von verputzten Oberflächen stellt DIN EN 13914-2 in Abschnitt 6.10.3 fest:

„Die Ebenheit der verputzten Oberfläche hängt von der Genauigkeit, mit der der Putzgrund aufgebaut wurde, und der für den Innenputz festgelegten Dicke ab. Wird der Innenputz in dünnen Lagen aufgebracht, lassen sich nur geringfügige Unebenheiten oder kleine Abweichungen des Putzgrundes von der Geraden ausgleichen. In der Regel können für sehr dünne Putzlagen keine Toleranzen festgelegt werden, da diese den Umriss des Putzgrundes sehr genau wiedergeben."

Tabelle 7.1 enthält Empfehlungen für die Klassifizierung der Ebenheit von verputzten Oberflächen in Bezug auf die Dicke des Innenputzsystems und die Ebenheit des Putzgrundes.

Tabelle 7.1: Klassifizierung der Ebenheit von verputzten Flächen (Quelle: nach DIN EN 13914-2, Tabelle 6)

Klasse	geforderte Normalausführung für die Ebenheit der Oberfläche (Spalt unter einem Richtscheit)	Mindestwerte für die Ebenheit des Putzgrundes, um die geforderte Normalausführung der Oberfläche zu erzielen
0	keine Anforderung	keine Anforderung
1	10 mm auf 2 m	15 mm auf 2 m
2	7 mm auf 2 m	12 mm auf 2 m
3	5 mm auf 2 m	10 mm auf 2 m
4[1]	3 mm auf 2 m	5 mm auf 2 m
5[1]	2 mm auf 2 m	2 mm auf 2 m

1) nur zutreffend für Putzsysteme mit einer Putzdicke von ≤ 6 mm

„Die Lotrechte der verputzten Oberfläche hängt von der Genauigkeit, mit der der Putzgrund aufgebaut wurde, und der für den Putz festgelegten Dicke ab." (Abschnitt 6.10.4 DIN EN 13914-2)

In Tabelle 7.2 werden Grenzwerte für die Winkligkeit empfohlen, *„wenn Genauigkeit in Bezug auf die Winkligkeit zwischen benachbarten Oberflächen des Putzgrundes und auch der verputzten Oberflächen gefordert ist."* (Abschnitt 6.10.5 DIN EN 13914-2)

Tabelle 7.2: Empfohlene Winkligkeitsgrenzwerte (Quelle: nach DIN EN 13914-2, Tabelle 7)

Länge der angrenzenden Oberfläche λ in m	Abweichung vom rechten Winkel in mm
$\lambda < 0{,}25$	3
$0{,}25 \le \lambda < 0{,}5$	5
$0{,}5 \le \lambda < 1$	6
$1 \le \lambda \le 3$	8

Tabelle 7.3 enthält Empfehlungen gemäß DIN EN 13914-2 zur Ausführung von Anstrich- und Tapezierarbeiten auf glatten Putzen.

Tabelle 7.3:   Qualitätsstufen glatter Oberflächen (Quelle: nach DIN EN 13914-2, Tabelle 5)[1]

Qualitätsstufen	Glätte des Auftrags
Q1	keine Anforderungen
Q2	zum Tapezieren mit Strukturtapete oder zum Aufbringen einer strukturierten Wandverkleidung bzw. zum Auftragen eines Strukturanstrichs
Q3	zum Auftragen eines matten Anstrichs oder einer glatten Tapete oder einer glatten Wandverkleidung
Q4	zum Auftragen eines halbmatten Anstrichs und/oder bei Glanzeffekte hervorrufender Beleuchtung[2]

1) Sofern nicht anders festgelegt, wird von der Anwendung der Qualitätsstufe 1 ausgegangen. Bei bestimmten Oberflächenbeschaffenheiten kann ein Aufbereiten des fertigen Putzes erforderlich sein.
2) Für das Auftragen von glänzender Farbe können zusätzliche Anforderungen notwendig sein.

7.3   DIN 18202

Die DIN 18202 wird von den Baubeteiligten gerne bemüht, wenn es zu Differenzen bei der Bewertung von fertiggestellten Oberflächen kommt. Mit unterschiedlichen Interpretationen der „Passnorm" DIN 18202 versuchen Baubeteiligte oft, die Norm so weit auszuweiten, dass sie auch für die Beurteilung von fertiggestellten Oberflächen des Maler- und Lackierer- sowie des Stuckateurhandwerks herangezogen werden kann. Dass dies häufig nicht funktioniert, zeigt sich an regelmäßigen Auseinandersetzungen auf Baustellen oder aber vor Gericht.

Die DIN 18202 ist grundsätzlich **nicht geeignet**, um **optische Unregelmäßigkeiten** zu beurteilen. Auf Grundlage der DIN 18202 können lediglich Abweichungen in der Ebenheit der Oberfläche festgestellt werden. Zur Herstellung optisch ansprechender Oberflächen ist es erforderlich, die Toleranzen der DIN 18202 enger zu fassen, zusätzlich „andere Genauigkeiten" zu vereinbaren und die Ansprüche an die zu erstellende Oberfläche genau und umfangreich zu beschreiben.

Nachfolgend werden Textpassagen aus der DIN 18202, die relevant sind für das Maler- und Lackiererhandwerk sowie für das Stuckateurhandwerk, beschrieben und kommentiert.

Abschnitt 1 DIN 18202:

„[...]

Höhenversätze zwischen benachbarten Bauteilen (z. B. Stoßstellen von Filigrandecken, von Bodenbelägen oder von Wandbekleidungen) werden vom Anwendungsbereich nicht erfasst."

Abschnitte 4.1 und 4.2 DIN 18202:

„4.1   Toleranzen dienen zur Begrenzung der Abweichungen von den Nenn-maßen der Größe, Gestalt und der Lage von Bauteilen und Bauwerken.

4.2   Die Einhaltung von Toleranzen ist erforderlich, um trotz unvermeidlicher Ungenauigkeiten beim Messen, bei der Fertigung und bei der Montage die vorgesehene Funktion zu erfüllen und das funktionsgerechte Zusammenfügen von Bauwerken und Bauteilen des Roh- und Ausbaus ohne Anpass- und Nach-arbeiten zu ermöglichen.“

Hinweis

> Die DIN 18202 begrenzt ihre Anwendungsbereich in Abschnitt 4.2 auf das Zusammenfügen von Bauwerken und Bauteilen des Roh- und Aus-baus. An keiner Stelle wird beschrieben, dass die DIN 18202 zur Beur-teilung fertiggestellter Maler- oder Verputzarbeiten geeignet sein soll. Relevant ist jedoch für nachfolgende Spachtel-, Verputz- und Beschich-tungsarbeiten die Anwendung im Bereich des Rohbaus und des Ausbaus, somit insbesondere für Maurer- und Trockenbauarbeiten.

Abschnitt 4.3 DIN 18202:

„4.3   Die in dieser Norm angegebenen Toleranzen sind anzuwenden, soweit nicht andere Genauigkeiten vereinbart werden. Sie stellen die für Standardleis-tungen bzw. Bauteile oder Bauwerke durchschnittlich üblicher Ausführungsart und Maße im Rahmen üblicher Sorgfalt zu erreichende Genauigkeit dar. Sind jedoch für Bauteile oder Bauwerke andere Genauigkeiten erforderlich, sind sie nach wirtschaftlichen Maßstäben zu vereinbaren. Die dazu erforderlichen Maßnahmen und die Kontrollmöglichkeiten während der Ausführung sind rechtzeitig festzulegen.

ANMERKUNG   Die in dieser Norm angegebenen Toleranzen sind nicht ab-schließend. Sind weitergehende Anforderungen, z. B. bezüglich des optischen Erscheinungsbildes, erforderlich, sind diese im Einzelfall festzulegen.“

Hinweis

> Wenn für Bauteile oder Bauwerke „andere Genauigkeiten" erforderlich sind, sollen diese unter wirtschaftlichen Maßstäben vereinbart werden und vorab in den Vertragsunterlagen, z. B. im Leistungsverzeichnis, in Zeichnungen, angegeben werden. Für die Oberflächenerstellung sind in der Regel immer weitere spezifische Angaben erforderlich. Es ist nicht ausreichend, wie des Öfteren in Leistungsverzeichnissen nachzulesen, nur eine Forderung in Bezug auf zulässige Ebenheitsabweichungen nach DIN 18202, Tabelle 3, anzugeben.

Abschnitt 5.4 DIN 18202:

„[...]

Bei flächenfertigen Wänden, Decken, Estrichen und Bodenbelägen sollten Sprünge und Absätze vermieden werden. Hierunter ist aber nicht die durch Flächengestaltung bedingte Struktur zu verstehen.

[...]“

Hinweis

Die DIN 18202 grenzt zumindest strukturbedingte Abweichungen bei Maler- oder Verputzarbeiten von der Möglichkeit einer Beurteilung aus.

Abschnitt 6.1 DIN 18202:

„Die Einhaltung von Toleranzen ist nur zu prüfen, wenn es erforderlich ist.

[...]

Die Wahl des Messverfahrens bleibt dem Prüfer überlassen. [...]"

Hinweis

Prüfende haben somit die Wahl, ob sie Ebenheitsabweichungen z. B. mit einer Messlatte von 0,5 m oder von 2,0 m Länge prüfen. Somit wird von Prüfenden in Abhängigkeit von Messabständen, dem Stichmaß und den sich daraus ergebenden Ebenheitsabweichungen wesentlich beeinflusst, ob ein Untergrund der DIN 18202 entspricht oder nicht. Eine objektive Prüfung ist somit kaum möglich.

Abschnitt 6.4.1 DIN 18202:

„Die Maße werden an den Rändern in etwa 10 cm Abstand von den Kanten und in Bauteilmitte an der Bauteiloberfläche gemessen (siehe Erläuterungen A.2); bei Bauwerksachsen gegebenenfalls auch in den Achsen und in der Mitte zwischen zwei benachbarten Achsen.

[...]"

Abschnitt A.2 DIN 18202:

„Die Messpunkte für Maße, für lichte Maße und für Öffnungsmaße sollten in einem Abstand von etwa 10 cm von den Ecken bzw. den Kanten des zu messenden Bauteils liegen. Hierdurch soll sichergestellt werden, dass singuläre Maßabweichungen am Rand eines Bauteils, die nicht charakteristisch für die Maßhaltigkeit des gesamten Bauteils bzw. des zu prüfenden Maßes sind, das Messergebnis nicht beeinflussen. Liegt eine singuläre Maßabweichung im Rand- bzw. Eckbereich des Bauteils nicht vor und wird das Messergebnis hierdurch nicht verfälscht, so kann von dem angegebenen Abstand von etwa 10 cm abgewichen werden."

Erhöhte Anforderungen an die Ebenheit von Flächen sind im Leistungsverzeichnis auszuschreiben und objektspezifisch vertraglich zu vereinbaren.

Weder die Standardanforderungen nach DIN 18202 (DIN 18202, Tabelle 3, Zeile 6) noch die erhöhten Anforderungen nach DIN 18202 (DIN 18202, Tabelle 3, Zeile 7) sind in der Regel ausreichend, um hochwertige Oberflächen zu erzielen.

Daher ist es nicht ausreichend, wenn von Planern oder Auftraggebern lediglich gefordert wird, die Ebenheitstoleranzen nach DIN 18202 einzuhalten (auch nicht eine Forderung nach den erhöhten Anforderungen). Von Planern und Auftraggebern sind präzise Vorgaben für die zu erwartende Oberfläche, wie sie die verschiedenen Regelwerke vorgeben und im vorliegenden Werk beschrieben werden, erforderlich.

Grenzwerte für Ebenheitsabweichungen

Die Grenzwerte für Ebenheitsabweichungen nach DIN 18202 sind Tabelle 7.4 zu entnehmen. Die Grenzwerte für Ebenheitsabweichungen in Tabelle 7.5 wurden nicht in die DIN 18202 aufgenommen, erlauben jedoch eine feinere Abstimmung. Abb. 7.1 stellt die Grenzwerte für Ebenheitsabweichungen von Wandflächen und Unterseiten von Decken grafisch dar.

Tabelle 7.4: Grenzwerte für Ebenheitsabweichungen (Quelle: DIN 18202, Tabelle 3)

Spalte	1	2	3	4	5	6
Zeile	Bezug	Stichmaße als Grenzwerte in mm bei Messpunktabständen in m				
		bis 0,1	1[a]	4[a]	10[a]	15[a, b]
1	Nichtflächenfertige Oberseiten von Decken, Unterbeton und Unterböden	10	15	20	25	30
2a	Nichtflächenfertige Oberseiten von Decken oder Bodenplatten zur Aufnahme von Bodenaufbauten, z. B. Estriche im Verbund oder auf Trennlage, schwimmende Estriche, Industrieböden, Fliesen- und Plattenbeläge im Mörtelbett	5	8	12	15	20
2b	Flächenfertige Oberseiten von Decken oder Bodenplatten für untergeordnete Zwecke, z. B. in Lagerräumen, Kellern, monolithischen Betonböden	5	8	12	15	20
3	Flächenfertige Böden, z. B. Estriche als Nutzestriche, Estriche zur Aufnahme von Bodenbelägen, Bodenbeläge, Fliesenbeläge, gespachtelte und geklebte Beläge	2	4	10	12	15
4	Wie Zeile 3, jedoch mit erhöhten Anforderungen	1	3	9	12	15
5	Nichtflächenfertige Wände und Unterseiten von Rohdecken	5	10	15	25	30
6	Flächenfertige Wände und Unterseiten von Decken, z. B. geputzte Wände, Wandbekleidungen, untergehängte Decken	3	5	10	20	25
7	Wie Zeile 6, jedoch mit erhöhten Anforderungen	2	3	8	15	20

[a]   Zwischenwerte sind den Bildern 5 und 6 zu entnehmen und auf ganze mm zu runden.
[b]   Die Grenzwerte für Ebenheitsabweichungen der Spalte 6 gelten auch für Messpunktabstände über 15 m.

Tabelle 7.5: Grenzwerte für Ebenheitsabweichungen (Quelle: Bramann/Mänz/Schmid, 2016, S. 189)

Spalte 1		2	3	4	5	6	7	8	9	10	11	12	13	14
Zeile	Bauteile/Funktion	Ebenheitstoleranzen in mm bei Abstand der Messpunkte bis												
		0,1 m	0,6 m	1,0 m	1,5 m	2,0 m	2,5 m	3,0 m	3,5 m	4,0 m	6,0 m	8,0 m	10,0 m	15,0 m
1	Nichtflächenfertige Oberseiten von Decken, Unterbeton und Unterböden	10	13	15	16	17	18	18	19	20	22	23	25	30
2	Nichtflächenfertige Oberseiten von Decken, Unterbeton und Unterböden mit erhöhten Anforderungen, z.B. zur Aufnahme von schwimmenden Estrichen, Industrieböden, Fliesen- und Plattenbelägen, Verbundestrichen Fertige Oberflächen für untergeordnete Zwecke, z.B. in Lagerräumen, Kellern	5	7	8	9	9	10	11	12	12	13	14	15	20
3	Flächenfertige Böden, z.B. Estriche als Nutzestriche, Estriche zur Aufnahme von Bodenbelägen, Bodenbeläge, Fliesenbeläge, gespachtelte und geklebte Beläge	2	3	4	5	6	7	8	9	10	11	11	12	15
4	Wie Zeile 3, jedoch mit erhöhten Anforderungen	1	2	3	4	5	6	7	8	9	10	11	12	15
5	Nichtflächenfertige Wände und Unterseiten von Rohdecken	5	8	10	11	12	13	13	14	15	18	22	25	30
6	Flächenfertige Wände und Unterseiten von Decken, z.B. geputzte Wände, Wandbekleidungen, untergehängte Decken	3	4	5	6	7	8	8	9	10	13	17	20	25
7	Wie Zeile 6, jedoch mit erhöhten Anforderungen	2	2	3	4	5	6	6	7	8	10	13	15	20

Die Ebenheitstoleranzen der Spalte 14 gelten auch für Messpunktabstände über 15 m.

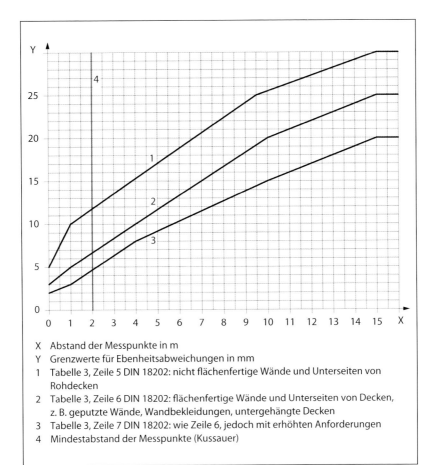

X   Abstand der Messpunkte in m
Y   Grenzwerte für Ebenheitsabweichungen in mm
1   Tabelle 3, Zeile 5 DIN 18202: nicht flächenfertige Wände und Unterseiten von
    Rohdecken
2   Tabelle 3, Zeile 6 DIN 18202: flächenfertige Wände und Unterseiten von Decken,
    z. B. geputzte Wände, Wandbekleidungen, untergehängte Decken
3   Tabelle 3, Zeile 7 DIN 18202: wie Zeile 6, jedoch mit erhöhten Anforderungen
4   Mindestabstand der Messpunkte (Kussauer)

Abb. 7.1:   Grenzwerte für Ebenheitsabweichungen von Wandflächen und Unterseiten
von Decken (Quelle: nach DIN 18202, Bild 6)

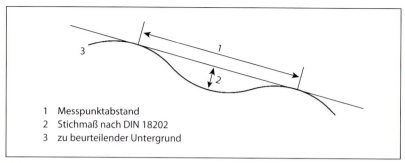

Abb. 7.2:   Stichmaß nach DIN 18202 (Quelle: nach DIN 18202, Bild 2)

1   Messpunktabstand
2   Stichmaß nach DIN 18202
3   zu beurteilender Untergrund

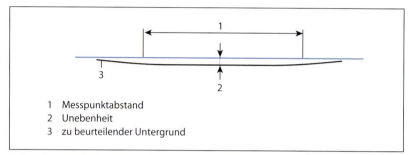

Abb. 7.3:   Mögliches Stichmaß bei der Beurteilung von Oberflächen

1   Messpunktabstand
2   Unebenheit
3   zu beurteilender Untergrund

Abb. 7.4:   Ermitteltes Stichmaß zu Abb. 7.3

Stichmaß und Messpunktabstände

Die Beurteilung der Ebenheit von Flächen nach DIN 18202 basiert auf dem **Stichmaß** (Abb. 7.2). Hierbei werden durch Einzelmessungen mit einer Richtlatte oder durch Messen der Abstände zwischen rasterförmig angeordneten Messpunkten und einer Bezugsebene vorhandene Abweichungen geprüft. Die Richtlatte wird auf 2 Hochpunkten der Fläche aufgelegt und das Stichmaß an der tiefsten Stelle bestimmt. Nach dieser Messung kann festgelegt werden, welche Abweichung über eine bestimmte Länge vorhanden ist. Diese Messungen sind geeignet, um die Ebenheit von Flächen zu bestimmen.

Unebenheiten, wie nicht ausreichend verschliffene Spachtelstellen, Krater, Erhöhungen, Absätze und Versprünge, liegen häufig innerhalb der Toleranzen der DIN 18202, entsprechen aber dennoch nicht den Anforderungen der jeweiligen Oberflächenqualitätsstufe (Abb. 7.3 bis 7.11).

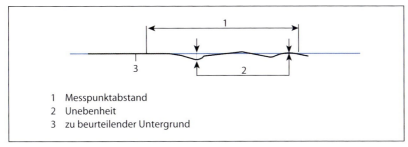

1   Messpunktabstand
2   Unebenheit
3   zu beurteilender Untergrund

Abb. 7.5:   Unebenheiten innerhalb der Toleranzen nach DIN 18202 entsprechen häufig nicht den Anforderungen an die jeweilige Oberflächenqualität.

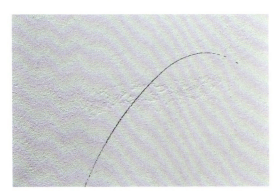

Abb. 7.6:   Kleinere Unebenheiten können durch die DIN 18202 nicht erfasst und auf dieser Grundlage nicht bewertet werden (Beispiel zu Abb. 7.5).

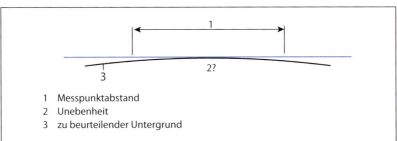

1   Messpunktabstand
2   Unebenheit
3   zu beurteilender Untergrund

Abb. 7.7:   Unebenheiten durch Wölbungen können in der Regel nicht durch Hinzuziehung der DIN 18202 beurteilt werden.

Abb. 7.8:   Wölbungen in der Fläche können nicht auf Grundlage der DIN 18202 ermittelt bzw. bewertet werden (Beispiel zu Abb. 7.7).

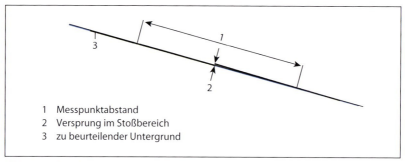

1 Messpunktabstand
2 Versprung im Stoßbereich
3 zu beurteilender Untergrund

Abb. 7.9: Ebenheitsabweichungen durch Versprünge im Stoßbereich können innerhalb der zulässigen Ebenheitsabweichungen nach DIN 18202 liegen und dennoch einen optischen Mangel darstellen.

Abb. 7.10: Die Ebenheitsabweichung durch den Versprung im Stoßbereich des Trockenbaus liegt innerhalb der zulässigen Ebenheitsabweichungen nach DIN 18202. Ein optischer Mangel ist dennoch vorhanden (Beispiel zu Abb. 7.9).

Abb. 7.11: Betondecke (BGQ2) mit Vliestapete und mattem Anstrich: sichtbare Ebenheitsabweichungen nach Fertigstellung innerhalb der erhöhten Anforderungen nach DIN 18202

Bei Anwendung der DIN 18202 zur Beurteilung fertiggestellter Oberflächen sollte ein **Messpunktabstand** von **mindestens 2,0 m** gewählt werden. Kürzere Messpunktabstände liefern meist kein aussagekräftiges Ergebnis.

Die Abb. 7.12 bis 7.17 verdeutlichen, weshalb es erforderlich ist, zur Prüfung des Untergrundes auf Ebenheitsabweichungen einen Messpunktabstand von ≥ 2,0 m zu wählen.

Abb. 7.12: Gipsplattenwandfläche: Messpunkt-abstand 0,50 m; Prüfung mit geringer Aussagekraft

Abb. 7.13: Gipsplattenwandfläche: Messpunkt-abstand 2,0 m; Prüfung mit hoher Aussagekraft

Abb. 7.14: Gipsplattendeckenfläche: Messpunkt-abstand 0,50 m; Prüfung mit geringer Aussagekraft

Abb. 7.15: Gipsplattendeckenfläche: Messpunkt-abstand 2,0 m; Prüfung mit hoher Aussagekraft

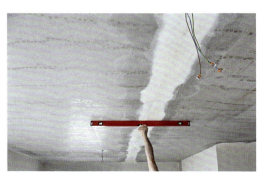

Abb. 7.16: Betondecke: Messpunktabstand 0,50 m; Prüfung mit geringer Aussagekraft

Abb. 7.17: Betondecke: Messpunktabstand 2,0 m; Prüfung mit hoher Aussagekraft

Hinweis

Die DIN 18202 regelt keine anzuwendenden Messpunktabstände, sondern bietet hierzu lediglich Vorschläge. Eine Beurteilung nach DIN 18202 zeigt jedoch häufig erst ab einer Distanz der Messpunktabstände von 2,0 m ein repräsentatives Ergebnis in Bezug auf die Ebenheit.

Eine Beurteilung von Ebenheitsabweichungen mit Messpunktabständen < 2,0 m (Tabelle 3, Spalten 2 und 3 DIN 18202: bis 0,1 m und 1,0 m) ist nicht sinnvoll, insbesondere bei der Beurteilung von Versprüngen, Absätzen, Poren, nicht ausreichend verschliffenen Spachtelstellen oder Graten. Auch bei Einhaltung der erhöhten Anforderungen nach DIN 18202 können solche Abweichungen an der fertiggestellten Oberfläche deutlich sichtbar und optisch meist nicht akzeptabel sein.

Fazit

Die DIN 18202 beschreibt Abweichungen in Bezug auf Passungen beim Zusammenfügen verschiedener Bauteile. Sie beschreibt jedoch **nicht die Optik** der fertiggestellten Oberflächen und kann daher auch nicht zur Beurteilung optischer Mängel an fertiggestellten Oberflächen herangezogen werden.

Deshalb darf die DIN 18202 nicht als alleiniges Instrument zur Beurteilung fertiggestellter Oberflächen verwendet werden.

Grenzabweichungen und Winkelabweichungen nach DIN 18202

Die Grenzabweichungen für Maße und die Grenzwerte für Winkelabweichungen nach DIN 18202 sind in den Tabellen 7.6 und 7.7 dargestellt. Die der Tabelle 7.6 zu entnehmenden Anforderungen müssen für jedes Nennmaß eingehalten werden. Die Grenzwerte für Winkelabweichungen in Tabelle 7.7 dürfen durch das Ausnutzen der Grenzabweichungen in Tabelle 7.6 nicht überschritten werden und die Grenzabweichungen in Tabelle 7.6 dürfen durch das Ausnutzen der Grenzwerte für Winkelabweichungen in Tabelle 7.7 nicht überschritten werden. Die Norm gilt sowohl für die Toleranzen bei der Herstellung von Bauteilen als auch für die Ausführung von Bauwerken.

Tabelle 7.6: Grenzabweichungen für Maße (Quelle: DIN 18202, Tabelle 1)

Spalte	1	2	3	4	5	6	7
Zeile	Bezug	Grenzabweichungen in mm bei Nennmaßen in m					
		bis 1	über 1 bis 3	über 3 bis 6	über 6 bis 15	über 15 bis 30	über 30[a]
1	Maße im Grundriss, z.B. Längen, Breiten, Achs- und Rastermaße (siehe 6.4.1 und 6.5.1)	±10	±12	±16	±20	±24	±30
2	Maße im Aufriss, z.B. Geschoss-höhen, Podesthöhen, Abstände von Aufstandsflächen und Konsolen (siehe 6.4.1 und 6.5.1)	±10	±16	±16	±20	±30	±30
3	Lichte Maße im Grundriss, z.B. Maße zwischen Stützen, Pfeilern usw. (siehe 6.4.2)	±12	±16	±20	±24	±30	–
4	Lichte Maße im Aufriss, z.B. unter Decken und Unterzügen (siehe 6.4.2)	±16	±20	±20	±30	–	–
5	Öffnungen, z.B. für Fenster, Außen-türen[b], Einbauelemente (siehe 6.4.3)	±10	±12	±16	–	–	–
6	Öffnungen wie vor, jedoch mit oberflächenfertigen Leibungen (siehe 6.4.3)	±8	±10	±12	–	–	–

[a] Diese Grenzabweichungen können bei Nennmaßen bis etwa 60 m angewendet werden. Bei größeren Maßen sind besondere Überlegungen erforderlich.
[b] Innentüren siehe DIN 18100.

Tabelle 7.7: Grenzwerte für Winkelabweichungen (Quelle: DIN 18202, Tabelle 2)

Spalte	1	2	3	4	5	6	7	8
Zeile	Bezug	Stichmaße als Grenzwerte in mm bei Nennmaßen in m						
		bis 0,5	über 0,5 bis 1	über 1 bis 3	über 3 bis 6	über 6 bis 15	über 15 bis 30	über 30[a]
1	Vertikale, horizontale und geneigte Flächen	3	6	8	12	16	20	30

[a] Diese Grenzabweichungen können bei Nennmaßen bis etwa 60 m angewendet werden. Bei größeren Maßen sind besondere Überlegungen erforderlich.

8 Haftungsprüfung von Beschichtungen

8.1 Erforderliche Haftung von Beschichtungen

Zur erforderlichen Haftung von Beschichtungen auf Spachtelmassen und Putzen, die auf den verschiedenen Untergründen aufgebracht wurden, gibt es unterschiedliche Meinungen der Baubeteiligten. Häufig werden zum Nachweis einer angeblich unzureichenden Haftung ungeeignete Maßnahmen ergriffen und Prüfmethoden angewendet, die ein rein subjektives Ergebnis haben.

Wurden keine objektspezifischen Haftzugwerte vereinbart, darf von einem erfolgreichen Werk ausgegangen werden, wenn die Beschichtung auf dem Untergrund (Substrat) mindestens so gut haftet, dass sie sich selbst trägt und sich bei üblichen, zu erwartenden Beanspruchungen nicht von selbst ablöst.

Unter üblichen, zu erwartenden Beanspruchungen ist keine mechanische Beanspruchung zu verstehen, wie sie z. B. durch den Transport von Möbeln entstehen kann. Auch das Ankleben von Fotos o. Ä. mittels Klebeband gehört nicht zu den üblichen Beanspruchungen, die eine Beschichtung „aushalten" muss.

Für die Haftung von Beschichtungen auf Putzuntergründen, Gipsplatten und Gipsspachtelmassen gibt es keine genormten Haftzugprüfungen und somit auch keine zu erreichenden Mindesthaftzugwerte.

Werden besondere Anforderungen an Beschichtungen gestellt, insbesondere in Bezug auf die Haftung am Untergrund, mechanische, hygrische, thermische oder chemische Eigenschaften, sind diese von Planern im Leistungsverzeichnis zu beschreiben. Auftragnehmer haben die Aufgabe, den Erfolg der Umsetzung von solchen besonderen Anforderungen vor der Ausführung zu prüfen.

Die Vor- und Nachteile möglicher Prüfungen, die in der täglichen Praxis vor Ort durchgeführt werden können, werden nachfolgend erläutert.

8.2 Gitterschnittprüfung

Für die meisten Beschichtungen gibt es keine allgemein festgelegten Vorgaben für die Haftfestigkeit nach der Gitterschnittprüfmethode. Zu den wenigen Ausnahmen zählen Korrosionsschutzbeschichtungen nach DIN EN ISO 12944-6 „Beschichtungsstoffe – Korrosionsschutz von Stahlbauten durch Beschichtungssysteme – Teil 6: Laborprüfungen zur Bewertung von Beschichtungssystemen" (2018) und werksmäßige Grundierungen von Türstahlzargen nach der Normenreihe DIN 18111 „Türzargen – Stahlzargen" (2018).

Die DIN EN ISO 2409 „Beschichtungsstoffe – Gitterschnittprüfung" (2020) beschreibt die Verfahrensweise zur Durchführung der Gitterschnittprüfung und beinhaltet ein Klassifizierungssystem, um die ermittelten Prüfergebnisse einheitlich einzustufen.

Die Gitterschnittprüfung dient zur Bewertung des Widerstandes einer Beschichtung gegen Trennung vom Untergrund. Diese Eigenschaft hängt u. a. von der Haftzugfestigkeit der Beschichtung auf dem Substrat oder einer vorhergehenden Schicht ab. Die Beurteilung nach DIN EN ISO 2409 bezieht sich auf die Bewertung für übliche Beschichtungen auf Untergründen aus Metallen, Kunststoffen und geeigneten Holzoberflächen.

Bei Mehrschichtsystemen kann auch die Zwischenschicht-Haftfestigkeit abgeschätzt werden. Sie ist jedoch kein Verfahren zur Messung der Haftfestigkeit. Diese ist nach den in DIN EN ISO 4624 „Beschichtungsstoffe – Abreißversuche zur Bestimmung der Haftfestigkeit" (2016) beschriebenen Verfahren (Stempelabreißversuche) zu ermitteln.

In der DIN EN ISO 2409 wird die Gitterschnittprüfung als Prüfmethode unter Laborbedingungen beschrieben (Normklima: 20 °C und 50 % rel. Luftfeuchte).

Wird eine Gitterschnittprüfung durchgeführt, wird die Prüfung in der Praxis meist mit den Schnittabständen in Tabelle 8.1 durchgeführt.

Tabelle 8.1: Gitterschnittprüfung: Schnittabstände (Quelle: BFS-Merkblatt Nr. 20 „Baustellenübliche Prüfungen zur Beurteilung des Untergrundes für Beschichtungs- und Tapezierarbeiten" [2016], Tabelle A.3)

Beschichtung	Schichtdicke	Schnittabstand
Grundierung in üblicher Schichtdicke	< 60 µm	harte Untergründe[1] 1,0 mm
		weiche Untergründe[2] 2,0 mm
dreischichtige Lackierung	> 60 µm bis 120 µm	2,0 mm
Dickschichtsysteme	> 120 µm bis 250 µm	3,0 mm

1) z. B. Stahl
2) z. B. Putz, Holz

Bei der Gitterschnittprüfung nach DIN EN ISO 2808 werden in einem definierten Abstand (siehe Tabelle 8.1) 6 parallel verlaufende Schnitte mit einer Gitterschnittschablone im rechten Winkel zueinander in die Beschichtung geschnitten, sodass ein entsprechendes Gitternetz (Quadrate) entsteht. Die Schnitte sind mit einem scharfen Messer (Cuttermesser) gleichmäßig durch die zu prüfende Beschichtung einzubringen, ohne den Untergrund zu verletzen. Die Oberfläche sollte anschließend mit einem weichen Besen oder Pinsel abgekehrt werden und das Ergebnis anhand der Gitterschnitt-Kennwerte beurteilt werden (Tabelle 8.2). Der Einsatz eines Klebebandes zur Entfernung der gelösten Beschichtungen ist häufig nicht sinnvoll und kann maximal auf harten, glatten Untergründen (Stahltüren) angewendet werden, um weitergehende Erkenntnisse zu erlangen. Für die Ausführung und Beurteilung ist hoher Sachverstand erforderlich. Die Tabelle 8.2 zeigt das Aussehen der Oberfläche im Bereich des Gitterschnittes, an der Abplatzungen auftreten.

Tabelle 8.2: Ermittlung der Gitterschnitt-Kennwerte und Bewertung (Quelle: nach BFS-Merkblatt Nr. 20 [2016], Tabelle A.3)

Beschreibung	Oberfläche	Kennwert ISO	Kennwert ASTM
Die Schnittränder sind vollkommen glatt; keines der Quadrate des Gitters ist abgeplatzt.		0	4
An den Schnittpunkten der Gitterlinien sind kleine Splitter der Beschichtung abgeplatzt; abgeplatzte Fläche nicht wesentlich größer als 5 %.		1	3
Die Beschichtung ist längs der Schnittränder und/oder an den Schnittpunkten der Gitterlinien abgeplatzt; abgeplatzte Fläche > 5 %, jedoch nicht mehr als 15 % der Gitterschnittfläche.		2	2
Die Beschichtung ist längs der Schnittränder ganz/teilweise in breiten Streifen abgeplatzt und/oder einzelne Quader sind ganz/teilweise abgeplatzt; die betroffene Fläche liegt zwischen 15 % und 35 %.		3	1
Die Beschichtung ist längs der Schnittränder in breiten Streifen und/oder einige Quader sind ganz/teilweise abgeplatzt; die betroffene Fläche liegt deutlich über 35 %, jedoch nicht über 65 %.		4	0

Die in der DIN EN ISO 2808 „Beschichtungsstoffe – Bestimmung der Schichtdicke" (2019) beschriebene Schichtdickenmessung kann bei Prüfungen am Objekt nicht durchgeführt werden, da die zu prüfende Schichtdicke der vor Ort applizierten Beschichtung in der Regel (außer auf Untergründen aus Metall) nur geschätzt werden kann.

Bei vor Ort durchgeführten Prüfungen können nicht kontrollierbare Umgebungsbedingungen (Prüfklima) die Messergebnisse wesentlich beeinflussen.

Auch die Anwendung des Verfahrens bei Beschichtungen mit einer strukturierten Oberfläche ist fraglich, da die Struktur der Oberfläche die Ergebnisse stark beeinträchtigen kann.

Bei der Gitterschnittprüfung kann es zu verfälschten Ergebnissen durch einen inhomogenen Untergrund kommen (z. B. bei Gipsplatten, die mit Spachtelmasse abgeport [GPQ3] oder verspachtelt [GPQ4] wurden), da das Substrat unterhalb der Beschichtung beim Einbringen der Schnitte geschädigt werden kann. Unter diesen Umständen kann die Gitterschnittprüfung zur Bestimmung der Verbundhaftung nicht angewendet werden. Es kann auch keine Beurteilung nach DIN EN ISO 2409 erfolgen, da sich die Bewertung nach dieser Norm auf übliche Beschichtungen auf Untergründen aus Metallen, Kunststoffen und geeigneten Holzoberflächen bezieht, nicht jedoch auf Gipsplatten.

Die Gitterschnittprüfung dient zur **Abschätzung** des Widerstands einer Beschichtung gegen Trennung vom Substrat, wenn ein bis zum Substrat durchgehendes Gitter in die Beschichtung geschnitten wird. Die nach diesem Verfahren bestimmten Gitterschnitt-Kennwerte hängen (neben anderen Faktoren, wie insbesondere der Härte der Beschichtung und der Rauheit der Substratoberfläche) von der Haftfestigkeit der Beschichtung auf der vorhergehenden Schicht oder auf dem Substrat ab.

Bei Substraten/Untergründen, die inhomogen sind und/oder eine deutlich geringere Kohäsion als die zu prüfende Beschichtung aufweisen (z. B. bestimmte Putz-, Spachtel- oder Holzoberflächen), ist die Ausführung der Schnitte mit einer gleichmäßig geringen Eindringtiefe (die Beschichtung vollständig durchtrennend, gerade den Untergrund berührend) nicht möglich. Für solche Substrate ist das Prüfverfahren nicht geeignet. Bei der Gitterschnittprüfung auf Putz, teilweise auch auf Beton, wird das Prüfergebnis durch sich lösende Quarzkörner des Untergrundes stark negativ beeinflusst. Auch unter diesen Bedingungen sind Gitterschnittprüfungen zur Bewertung der Haftfestigkeit nicht geeignet.

Nicht geeignet ist auch ein Vergleich der Prüfungsergebnisse von Beschichtungen am Objekt, die unterschiedlichen Expositionen ausgesetzt waren und in unterschiedlichen Zeiträumen aufgebracht wurden. Die klimatischen Bedingungen sind dabei in der Regel sowohl örtlich als auch zeitlich nicht konstant. Daher können die Ergebnisse solcher Beschichtungsprüfungen nicht unter Hinzuziehung der DIN EN ISO 2409 beurteilt werden.

Wenn eine Bewertung nach DIN EN ISO 2409 aufgrund des Untergrundes, der Beschichtung oder sonstiger auf die Bewertung einwirkender Umstände nicht sinnvoll oder möglich ist und nach dem Werkvertrag die Haftfestigkeit nicht konkret vereinbart wurde, sollte in Abhängigkeit von

- dem Untergrund/Substrat,
- der Beschichtung und
- der Beanspruchung

sachverständig beurteilt werden, welche Haftfestigkeit jeweils als üblich gelten darf oder erforderlich ist.

Abb. 8.1: Gitterschnittprüfung auf Gipsplatten mit Spachtel und Anstrich ohne Ablösungen

Wird die Gitterschnittprüfung dennoch als orientierende Prüfung angewendet, ist zu berücksichtigen, dass sich allein aus der Angabe von Gitterschnitt-Kennwerten keine Rückschlüsse auf die Haftung ziehen lassen. Wichtig ist, dass das Bruchbild unter Zuhilfenahme einer Lupe oder eines Mikroskops untersucht und festgestellt wird, wo genau (im Untergrund oder in der Beschichtung) Brüche auftreten und ob es sich um Kohäsions- oder Adhäsionsbrüche oder um eine Kombination von beiden handelt. Die sachverständige Interpretation der Prüfergebnisse ist in dieser Hinsicht unerlässlich.

Bei der Durchführung einer Gitterschnittprüfung wird, wie beschrieben, außer auf harten, glatten Untergründen (z. B. Stahltüren) kein Klebebandabriss durchgeführt. Klebebänder werden lediglich zur Entfernung loser Beschichtungsteile nach dem Gitterschnitt eingesetzt. Dabei darf die Klebkraft des Klebebands nur sehr gering sein, da ein Abreißen noch fester Teile der Beschichtung vermieden werden muss. Besser ist es, lose Teile mit einer weichen Bürste zu entfernen.

Hinweis

> Allein aus dem Ergebnis des am Objekt durchgeführten Gitterschnittes und der Zuordnung zu einem Gitterschnitt-Kennwert lassen sich keine Rückschlüsse auf die Anhaftung der Beschichtung ziehen.

Bei allen Haftzugprüfungen von Beschichtungen auf Gipsplatten vor Ort handelt es sich um Feldversuche (orientierende Prüfungen). Im Gegensatz zu Laboruntersuchungen ist es nicht möglich, exakte Werte zu ermitteln. Die Schichtdicke der Beschichtung kann nur geschätzt werden, insbesondere dann, wenn Flächen oder auch Teilflächen mehrfach gestrichen wurden.

Gitterschnittprüfungen werden in der Regel zur Prüfung der Haftung von Beschichtungen auf harten, glatten Untergründen (z. B. Beton, Stahl, Aluminium, Zink, Kunststoff) angewendet.

Eine Gitterschnittprüfung auf Gipsplatten kann lediglich als orientierender Feldversuch gewertet werden. Um ein aussagekräftiges Urteil zur Haftung der Beschichtung zu erhalten, ist eine Gitterschnittprüfung nicht ausreichend. Weiterführende Prüfungen sind erforderlich.

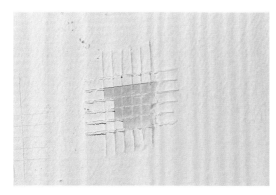

Abb. 8.2: Gitterschnittprüfung bei einer Beschichtung auf Gipsplatten; links:
Prüfung mit geringem
Druck ohne Zerstörung der
Oberfläche; rechts: Prüfung
mit höherem Druck mit
einer Zerstörung der Oberfläche

Abb. 8.3: Zerstörung des
Untergrundes bei einer Gitter-
schnittprüfung, die zu einer
Fehlinterpretation der Ergeb-
nisse führt, durch mangelnden
Sachverstand

Abb. 8.4: Kreuzschnittprüfung
(Andreaskreuz)

Hinweis

Mit der Gitterschnittprüfung ist es möglich, nahezu jeden Untergrund
zerstörend zu prüfen, wenn Prüfenden der erforderliche Sachverstand
fehlt. Mit der Gitterschnittprüfung lässt sich nahezu jeder Untergrund
zerstören. Das Ergebnis sind oft falsch interpretierte Ergebnisse (Abb. 8.2
und 8.3).

8.3   Kreuzschnittprüfung

Alternativ zur Gitterschnittprüfung kann eine Kreuzschnittprüfung durchgeführt werden, bei der die zu prüfende Beschichtung mit einem **Andreaskreuz** eingeschnitten wird (Abb. 8.4).

Auch bei dieser Prüfung sollte nur durch die zu prüfende Beschichtung geschnitten werden.

Werden Beschichtungen, insbesondere auf verspachtelten Oberflächen (z. B. Gipsplatten, Beton), im Innenbereich mittels Andreaskreuzprüfung geprüft, kann ein Klebeband mit geringer Klebekraft (GK) über die Schnittfläche geklebt und dann langsam flach abgezogen werden. Eventuell auf der Rückseite anhaftende Bestandteile lassen Rückschlüsse auf die Haftung der Beschichtung zu. Auch bei dieser Prüfung handelt es sich um eine orientierende Prüfung.

8.4 Klebebandabreißprüfung

Mit einer Klebebandabreißprüfung kann lediglich ein „Gefühl" für die Haftung einer Beschichtung entwickelt werden. Eine klare Aussage zur Haftung einer Beschichtung lässt sich damit nicht treffen.

Die Klebebandabreißprüfung unterliegt vielen **Einflüssen**, die bei der Bewertung der Ergebnisse zu berücksichtigen sind:

- die Klebekraft des bei der Prüfung verwendeten Klebebandes,
- die Dauer des Verbleibs des Klebebands auf dem Untergrund,
- der Anpressdruck, mit dem das Klebeband aufgeklebt wird,
- die Oberflächenbeschaffenheit der zu prüfenden Beschichtung,
- die Art und Zusammensetzung der zu prüfenden Beschichtung,
- die Abreißgeschwindigkeit, mit der das Klebeband vom Untergrund wieder abgerissen wird,
- der Abreißwinkel, in dem das Klebeband vom Untergrund wieder abgerissen wird,
- das Alter und der Zustand des Klebebandes sowie
- die klimatischen Bedingungen, die vor und während der Prüfung auf den Untergrund und das Klebeband eingewirkt haben bzw. einwirken.

Selbst wenn diese Prüfung von ein und derselben Person mehrfach durchgeführt wird, wird der Anpressdruck des Klebebandes immer unterschiedlich sein. Um annähernd **vergleichbare Ergebnisse** zu erzielen, sollten Klebebandabreißprüfungen von nur einer Person vorgenommen werden

- mit möglichst gleichem Anpressdruck,
- mit dem gleichen Klebeband,
- unter den gleichen klimatischen Bedingungen,
- mit einem langsamen und gleichmäßigen Abziehen des Klebebandes
- möglichst in einem Winkel von < 45°.

Hinweis

Bei der Klebebandabreißprüfung wird das Klebeband mit einer geringen Klebekraft auf die zu prüfende Oberfläche aufgeklebt, ohne zuvor ein Gitter oder ein Andreaskreuz in die Beschichtung einzuschneiden.

8.5   Druckfestigkeitsprüfung

Bei der Druckfestigkeitsprüfung wird mit einem harten Werkzeug, das möglichst eine harte, abgerundete Kunststoffspitze aufweist, ein kraftvoller
Druck auf die beschichtete Oberfläche ausgeübt (Abb. 8.5).

Mit dieser Prüfung lässt sich die Festigkeit des Untergrunds abschätzen und
teilweise auch die Haftung der Beschichtung am Untergrund. Diese Prüfung
kann jedoch zu einer Zerstörung des Gefüges der Spachtel- oder Putzoberfläche unterhalb der Beschichtung führen, was das Ergebnis negativ beeinflusst.

9   Spachtel- und Füllmassen

Spachtel- und Füllmassen werden nach ihren Bindemitteln in organische und anorganische Massen unterschieden und können in Abhängigkeit von ihrer Zusammensetzung (Rezeptur) in einer Schichtdicke von bis zu mehreren Millimetern aufgetragen werden. Gemäß DIN EN 16566 „Beschichtungsstoffe – Spachtelmassen bei Innen- und/oder Außenarbeiten – Anpassung der Spachtelmassen an die europäischen Normen" (2014) richten sich die Art der Verwendung des Spachtelsystems und dessen Schichtdicke nach den Empfehlungen des Herstellers und hängen von dem Auftragsverfahren, dem gewünschten Aussehen, dem Untergrund sowie der Zusammensetzung des Produktes ab. Die **Anwendungsbereiche** von Spachtel- und Füllmassen sind in Tabelle 9.1 dargestellt.

Tabelle 9.1:   Anwendungsbereiche von Spachtel- und Füllmassen (Quelle: nach BFS-Merkblatt Nr. 8 [2010], Tabelle 4)

Spachtel-/Füllmasse	Anwendungsbereich	besondere Hinweise
lufttrocknende Glätt- und Spritzspachtelmassen in Pasten- oder Pulverform	dünnschichtiges Spachteln bis ca. 3,0 mm Dicke; bei ausreichender Deckfähigkeit als Spritzbeschichtung mit Sprenkelstruktur	Härtung ausschließlich von der Trocknung abhängig
a) Leim-Spachtelmassen	dekorative Beschichtungen (fast ausschließlich im Baubestand vereinzelt noch anzutreffen)	Leimspachtel- und Leimspritzspachtel-schichten sind spontan wasserquellbar. Bei Renovierungen müssen Leimspachtelmassen vollständig entfernt werden.
b) Dispersionsspachtel-massen	zum Niveauausgleich oder als dekorative Spritzbeschichtung	Dispersionsspachtelschichten erfordern in der Regel keine verfestigende Grundierung, wenn sie allein für die jeweilige Beschichtung oder Wandbekleidung (Tapete) ausreichend tragfähig sind. Bei entsprechend höherem Bindemittelgehalt sind diese auch als Träger für schwere, spannungsreiche Wandbekleidungen und Fliesen geeignet.
Gipsspachtelmassen, Füllspachtelmassen (hydratisierend)	zum Fugenfüllen und für flächiges Spachteln	Härtung häufig produktspezifisch
kunststoffvergütete hydratisierende und hydraulisch härtende Füll-, Glätt- und Spritzspachtelmassen	zum Fugenfüllen, für dünn- und dickschichtiges Spachteln, als Untergrund für Beschichtungen, Tapeten und andere Verklebungen	rasche Abbindezeit, gute Haftung auf saugenden Untergründen
a) Gips-Spachtelmassen		
b) Zement-Spachtel-massen		wasserbeständig; als Untergrund für Beschichtungen, auch verkieselnder Anstriche, Tapeten und anderer Klebesysteme, auch keramischer Fliesenbeläge in Feuchträumen geeignet

9.1   Haftungsstörungen bei Spachtel- und Füllmassen

Insbesondere bei der Verspachtelung von Gipsplatten, Gipsfaserplatten und Beton, aber auch bei dem dünnen Überspachteln von geglätteten Putzen kann es zu einer verminderten Haftung von Beschichtungen auf den verspachtelten Oberflächen kommen. Die verminderte Haftung tritt meist dann in Erscheinung, wenn auf der fertiggestellten Oberfläche Abklebearbeiten durchgeführt werden, z. B. um Felder farbig abzusetzen, oder wenn nach der Fertigstellung und Abnahme der Arbeiten, z. B. in Kindergärten, Schulen oder Bürogebäuden, Fotos oder Bilder mit einem Klebeband an der Wand befestigt werden. Nach dem Entfernen der Klebebänder kommt es vor, dass sich die Beschichtung von der Wand löst und am Klebeband anhaftet.

Bei einer genaueren Betrachtung zeigt sich in diesen Fällen häufig auf der Rückseite der sich ablösenden Beschichtung eine mehlende Schicht. Diese mehlende Schicht ist oft auf den Spachtel, der auf die Gipsplatten aufgebracht wurde zurückzuführen. Eine solche reduzierte Haftung der Beschichtung zeigt sich häufig im Bereich dünn aufgebrachter Spachtelschichten der Qualitätsstufe GPQ3, GFQ3, GFKQ3, BGQ3 und ab der Qualitätsstufe PGQ3. Diese reduzierte Haftung tritt bei Spachtelmassen auf, die durch Hydration verfestigen. Bei Spachtelmassen auf Dispersionsbasis kommen solche reduzierte Haftungen nicht vor.

Auch im Bereich der breit ausgespachtelten und auf null abgezogenen Fugen der vorgenannten Qualitätsstufen sind diese reduzierten Haftungen möglich. Das **Grundieren** mit einem Grundbeschichtungsstoff (Tiefgrund) führt nicht immer zur Lösung dieser Problematik, da nicht ausreichend kristallisierte Spachtelschichten sich durch Grundbeschichtungsstoffe nicht genügend verfestigen lassen. In der Regel verbessert eine Grundierung mit einem Grundbeschichtungsstoff (Hydrosol-Technologie) jedoch die Situation.

Die **Ursache** für eine reduzierte Haftung im Bereich dünn aufgebrachter Spachtelschichten liegt im sog. **Aufbrennen** des Spachtels. Gipsspachtelmassen benötigen zur Aushärtung eine ausreichende Wassermenge, damit die Kristallisation einsetzt und der Gips als schwerlösliches Dihydrat auskristallisieren kann. Hierzu ist es erforderlich, dass der Gipsspachtelmasse Wasser über einen ausreichenden Zeitraum zur Verfügung steht. Wird jedoch auf stark saugenden Untergründen eine dünne Spachtelschicht aufgebracht, wird dieser Kristallisationvorgang gestört. Ein Teil der Gipsspachtelmasse bleibt als nicht kristallisierter Bestandteil im Spachtelauftrag vorhanden. Dieser Vorgang wird als „Aufbrennen" bezeichnet. Um dieser Problematik vorzubeugen, können, zumindest für die Spachtelung GPQ3, GFQ3, GFKQ3, Spachtelmassen auf Dispersionsbasis verwendet werden.

Bei einer Prüfung durch Befeuchten mit Wasser zeigt sich dann, dass sich die durch den schnellen Wasserentzug nicht ausreichend kristallisierte Spachtelmasse leicht mit Wasser anlösen lässt.

Häufig ist jedoch bereits beim Abreiben mit der Hand eine mehlende Spachtelschicht feststellbar.

Weitere Prüfmethoden für Spachtel- und Füllmassen siehe Kapitel 9.3.

Abb. 9.1: Putz der Putzgruppe PI a mit geringer Druckfestigkeit und Abrieberscheinungen

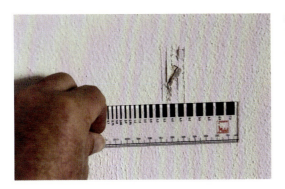

Abb. 9.2: Putz der Putzgruppe PI a mit unzureichender Haftung der aufgebrachten Silikatfarbe

9.2 Haftungsprüfung von Putzen

An mineralische Putze wird die Anforderung gestellt, dass sie gleichmäßig am Putzgrund bzw. Putzträger und in den einzelnen Lagen (bei mehrschichtigem Putzaufbau) haften. Das Gefüge der einzelnen Putzlagen sollte gleichmäßig sein. Die Druckfestigkeit und die Oberflächenbeschaffenheit sowie der Widerstand gegen Abrieb müssen dem jeweiligen Putzgrund bzw. der Putzanwendung angepasst sein. Der Putz muss in trockenem und in angenässtem Zustand ausreichend fest sein. Seine Oberfläche soll saugfähig, frei von Staub, losen, lockeren und mürben Teilen sowie frei von Sinterschichten oder schädlichen Bindemittelanreicherungen und von Ausblühungen sein. Die Putzoberfläche darf keine die Haftung beeinträchtigenden Rückstände aufweisen.

In den letzten Jahren kann festgestellt werden, dass insbesondere im Wohnbereich immer wieder Putze der Putzgruppe PI a und PI b zur Anwendung kommen. Putze der Mörtelgruppe PI a (Luftkalkmörtel) und PI b (Wasserkalkmörtel) werden nach DIN EN 998-1 „Festlegungen für Mörtel im Mauerwerksbau – Teil 1: Putzmörtel" (2017) der Druckfestigkeitsklasse CS I zugeordnet (Norm-Druckfestigkeit nach 28 Tagen: 0,4 bis 2,5 N/mm²). Putze mit einer Druckfestigkeit < 1,0 N/mm² sind für Beschichtungen und Tapezierungen nicht geeignet, außer die Eignung wird vom Hersteller des Putzes oder der aufzubringenden Beschichtung bestätigt (Abb. 9.1 und 9.2). Bei erhöhten Anforderungen an die Druckfestigkeit z. B. bei einer höheren mechanischen Belastung in Treppenhäusern, Schulen oder öffentlichen Gebäuden muss die Druckfestigkeit 2,0 N/mm² betragen. Putze der Mörtelgruppe PI a und PI b werden vorwiegend bei Gebäuden, die unter Denkmalschutz stehen, zur Erhaltung historischer Bauwerke eingesetzt.

Vor Ort ist es nicht möglich, eine Druckfestigkeit des Putzes < 1,0 N/mm² zu prüfen. Derzeit erhältliche portable Geräte zur Bestimmung der Druckfestigkeit vor Ort von verarbeiteten Putzen messen nur bis ≥ 1,0 N/mm².

Eine Bestimmung des vorhandenen Putzes, der Mörtelgruppe und der Druckfestigkeit vor Ort durchzuführen, ist sehr schwierig bis nicht möglich. Es kann nur eine annähernde Bestimmung erfolgen. An der Putzhärte lässt sich nur erkennen, ob es sich eher um einen weichen, z. B. Kalkputz, oder einen härteren Putz, z. B. Zementputz, handelt. Eine Bestimmung der Putzgruppe kann jedoch in Abstimmung mit dem aufzubringenden Beschichtungssystem erforderlich sein. Es ist daher notwendig, weitere Angaben zum verwendeten Putz (z. B. technische Merkblätter) einzuholen.

Eine orientierende Prüfung der Putzfestigkeit kann durch eine **Ritz-** oder **Kratzprobe** erfolgen. Kalkreiche Putze der Putzgruppe PI weisen in der Regel einen geringen Widerstand auf und lassen sich häufig ohne große Kraftanstrengung abreiben. Ebenso reduziert sich die Festigkeit der Kalkputze bei einer Benetzung mit Wasser in der Regel deutlich.

Baustellenübliche Prüfungen von Putzen bestehen in der Untersuchung, ob

- der Putz absandet und kreidet,
- eine ungeeignete Beschaffenheit des Putzuntergrundes vorliegt,
- Verunreinigungen, Ausblühungen bzw. Sinterschichten vorhanden sind,
- eine ausreichende Putzfestigkeit gegeben ist,
- Risse im Putz vorliegen,
- eine zu hohe Putzfeuchtigkeit vorhanden ist,
- die Ebenheitsabweichungen eingehalten wurden,
- eine Schimmelbildung festzustellen ist und
- die klimatische Bedingungen passend sind.

Weitere Prüfmethoden für Putzflächen siehe Kapitel 9.3.

9.3   Haftungsprüfung von Beton

Gemäß BFS-Merkblatt Nr. 8 (2010) soll eine zu beschichtende Betonoberfläche saugfähig, fest sowie frei von Staub, losen, lockeren und mürben Teilen sein. Sie darf keine Ausblühungen und die Haftung beeinträchtigenden Rückstände aufweisen. Die Betonoberfläche darf nicht mit Zementmilch geschlämmt sein. Verwendete Trenn- und Nachbehandlungsmittel müssen für nachfolgende Beschichtungen oder Tapezierungen geeignet sein (BFS-Merkblatt Nr. 8 [2010], S. 7).

Um eine ausreichende Haftung der nachfolgenden Beschichtungen zu erzielen, sind Betonuntergründe u. a. auf haftmindernde Eigenschaften zu prüfen und entsprechende vorbereitende Maßnahmen sind zu ergreifen (siehe Tabelle 9.2). Diese Prüfmethoden sind auch bei Putzen und Spachtel anwendbar.

Für die einzelnen Prüfungen werden Erkennungsmerkmale von unzureichenden Oberflächeneigenschaften und bei Auftreten dieser Merkmale ggf.
erforderliche Maßnahmen beschrieben. Die in Tabelle 9.2 dargestellten
Prüfmethoden sind für Untergründe aus **Beton**, neuen **Putzen** sowie
Spachtel- und **Füllmassen** anwendbar.

Tabelle 9.2: Prüfung von Untergründen aus neuem Putz, Spachtel und Beton (Quelle: in Anlehnung an
BFS-Merkblatt Nr. 8 [2010], Tabelle 1; BFS-Merkblatt Nr. 10 [2012], Tabelle 4; BFS-Merkblatt Nr. 16 [2013], Tabelle 1;
BFS-Merkblatt Nr. 20 [2016], Tabellen B–D)

Prüfung auf	Prüfmethode	Umfang der Prüfung	Erkennungs-merkmale	Maßnahmen
Oberflächengüte (Ebenheit)	Augenschein; Wasserwaage (2,0 m), je nach beauftragter Qualität auch künstliches/natürliches Streiflicht	ganze Fläche	nicht ausreichende Ebenheit	ggf. zusätzliche Maßnahmen, wie spachteln, bei strukturierten Oberflächen Nachbesserungen
Feuchtigkeit	Augenschein	ganze Fläche	dunkle Verfärbungen	Putz, Spachtelmassen, Beton: Ursache beseitigen, abtrocknen lassen, vorhandenen Schimmelbefall fachgerecht entfernen, ggf. lüften und heizen
vor Beginn der Tapezier-, Spachtel-, Putz- oder Beschichtungsarbeiten	bei Tapezierarbeiten ggf. Folienprobe;		Schwitzwasserbildung an der Folienrückseite	
Feuchtigkeitsmessgeräte	Feuchtigkeitsmessung		Feuchtewert mit der Ausgleichsfeuchte abgleichen	Gipsplatten: von Feuchtigkeit geschädigte und/oder von Schimmel befallene Platten austauschen
Oberflächenfestigkeit, lose, lockere und mürbe Teile (in Abhängigkeit von der Mörtelart, Druckfestigkeit des Putzes)	Kratzprobe mit einem harten, kantigen Gegenstand oder einer harten Bürste;	in ausreichender Häufigkeit, um einen tatsächlichen Eindruck der Gesamtsituation zu erhalten	Abrieb oder Abplatzen	lose, lockere und mürbe Teile manuell oder maschinell entfernen
	Abreiben mit der Hand;		geringer Abrieb	ggf. abbürsten und mit putzfestigendem Grundbeschichtungsstoff behandeln
			starker, tiefgehender Abrieb	nicht geeignet für Beschichtungen und Tapezierungen
	Annässen mit Wasser bis zur Sättigung und Kratzprobe		Bei Benetzungsprobe erweicht die Oberfläche.	für vorgesehene Beschichtung/ Tapezierung ggf. nicht tragfähigen Putz erneuern
Sinterschicht	Einritzen, Kratzprobe mit einem festen, kantigen Gegenstand oder Schleifen der Oberfläche; Benetzungsprobe mit Wasser	in ausreichender Häufigkeit, um einen tatsächlichen Eindruck der Gesamtsituation zu erhalten	in trockenem Zustand Oberflächenglanz, geringe Saugfähigkeit der Oberfläche; bei Benetzung mit Wasser im eingeritzten oder geschliffenen Bereich Dunkelfärbung der Kratzspur	Sinterschicht manuell oder maschinell entfernen, ggf. fluatieren (fluatieren nicht auf Putzen aus Gipsmörtel oder Gipssandmörtel)

Tabelle 9.2: (Fortsetzung)

Prüfung auf	Prüfmethode	Umfang der Prüfung	Erkennungs- merkmale	Maßnahmen
Zementmilch, geschlämmt	Augenschein; Kratzprobe	ganze Fläche	Streichspur, Absplittern, Ablösung	Zementmilch manu- ell oder maschinell entfernen
mehlende oder staubige Oberfläche	Wischprobe	ganze Fläche	mehliger, staubiger Abrieb	Oberfläche abkeh- ren, abbürsten und mit geeignetem Grundbeschich- tungsstoff grundie- ren
Saugfähigkeit	Benetzungsprobe mit Wasser	in ausreichender Häufigkeit, um einen tatsächlichen Ein- druck der Gesamtsi- tuation zu erhalten	Beton: hohe Wasseraufnah- me (Dunkelfärbung des Betons); un- gleichmäßige Was- seraufnahme (fle- ckige Verfärbung des Betons)	Beton: stark saugende oder unterschiedlich saugende Unter- gründe mit geeig- netem Grundbe- schichtungsstoff grundieren
			Putz: Kein Eindringen in die Oberfläche bzw. die Oberfläche nimmt langsam Wasser auf und färbt sich langsam dunk- ler. Wasser perlt ab.	Putz: Ursachen feststellen und ggf. beseitigen
			Putz: bei starker Saugfä- higkeit rasche Was- seraufnahme und schnelle Dunkelfär- bung	Putz: Stark bzw. ungleich- mäßig und unter- schiedlich saugfä- hige Untergründe sind durch einen Grundbeschich- tungsstoff zu egali- sieren.
Entschalungsmittel und Nachbehand- lungsmittel	Augenschein; Benetzungsprobe; Wischprobe	in ausreichender Häufigkeit, um einen tatsächlichen Ein- druck der Gesamtsi- tuation zu erhalten	z. B. gelbliche, ggf. bräunliche, grau- liche oder dunkle Verfärbungen, ge- ringe Saugfähigkeit, Abperlen	Trennmittel manuell oder maschinell entfernen, Oberflä- che reinigen
Verschmutzungen	Augenschein	ganze Fläche	Ablagerungen und andere sichtbare Verunreinigungen	entfernen, ggf. mit geeignetem Ab- sperrmittel behan- deln

Trennmittelrückstände, die nicht beschichtungsverträglich sind oder in einer zu hohen Menge vorliegen, können die Haftung von Beschichtungen und Wandverkleidungen auf Betonoberflächen beeinträchtigen.

10 Mängel und Bedenken

10.1 Mängel

Gemäß der „Vergabe- und Vertragsordnung für Bauleistungen – Teil B: Allgemeine Vertragsbedingungen für die Ausführung von Bauleistungen" (VOB/B [2016]) ist Folgendes geregelt (§ 13 Nr. 1 VOB/B):

„1. [...] Die Leistung ist zur Zeit der Abnahme frei von Sachmängeln, wenn sie die vereinbarte Beschaffenheit hat und den anerkannten Regeln der Technik entspricht. Ist die Beschaffenheit nicht vereinbart, so ist die Leistung zur Zeit der Abnahme frei von Sachmängeln,

(1) wenn sie sich für die nach dem Vertrag vorausgesetzte, sonst

(2) für die gewöhnliche Verwendung eignet und eine Beschaffenheit aufweist, die bei Werken der gleichen Art üblich ist und die der Auftraggeber nach der Art der Leistung erwarten kann.

2. [...] Bei Leistungen nach Probe gelten die Eigenschaften der Probe als vereinbarte Beschaffenheit, soweit nicht Abweichungen nach der Verkehrssitte als bedeutungslos anzusehen sind. Dies gilt auch für Proben, die erst nach Vertragsabschluss als solche anerkannt sind."

Diese Regelung lässt einen **hohen Interpretationsspielraum** offen und führt auch vor Gericht häufig zu Diskussionen über die Fragen:

- Was ist eine gewöhnliche Verwendung?
- Was ist eine Beschaffenheit, die bei Werken der gleichen Art üblich ist? Welche Werke werden zum Vergleich herangezogen?
- Was können Auftraggeber nach der Art der Leistung erwarten?

§ 633 BGB kann hierzu Folgendes entnommen werden:

„[...]

Einem Sachmangel steht es gleich, wenn der Unternehmer ein anderes als das bestellte Werk oder das Werk in zu geringer Menge herstellt.

(3) Das Werk ist frei von Rechtsmängeln, wenn Dritte in Bezug auf das Werk keine oder nur die im Vertrag übernommenen Rechte gegen den Besteller geltend machen können."

Solche Diskussionen entstehen immer dann, wenn die Beschreibung der Leistung nicht ausreichend und erschöpfend erfolgt ist. Umso wichtiger ist es, die zu erbringende Oberflächenqualität im Vorfeld festzulegen und die Auftraggeber über die Konsequenzen bei zu geringen Oberflächenqualitäten aufzuklären.

Oberflächen, für die lediglich die Mindestanforderungen der DIN 18202 zugrunde gelegt werden, weisen häufig nicht die Beschaffenheit auf, die Auftraggeber nach der Art der Leistung erwarten können.

10.2   Bedenken

Allgemein anerkannte Regeln der Technik

Auftragnehmer schulden nicht nur die im Leistungsverzeichnis beschriebene Leistung, sondern auch ein Leistungsergebnis, das den allgemein anerkannten Regeln der Technik entspricht. Sind die Angaben im Leistungsverzeichnis nicht ausreichend, um ein mangelfreies Ergebnis zu erzielen, sind vor der Ausführung schriftlich Bedenken gegenüber den Auftraggebern anzumelden. Entscheiden Auftraggeber trotz der Bedenken der Auftragnehmer, dass die Leistungen wie in der Leistungsbeschreibung beschrieben ausgeführt werden sollen, sind Auftragnehmer von der Haftung wegen eventuell entstehender Mängel in der Regel befreit.

Bedenken sind auch anzumelden, wenn eine Leistung aufgrund der Arbeit von Vorgewerken, der im Leistungsverzeichnis angegebenen Produkte oder sonstiger Einflüsse nicht erbracht werden kann.

Grundsätzlich sind von Auftragnehmern die allgemein anerkannten Regeln der Technik zu beachten. Verwenden Auftragnehmer neuartige Produkte oder neuartige Verarbeitungstechniken oder wenden sie Produkte an, die für diesen Einsatzbereich nicht vorgesehen sind, so entspricht diese Anwendung/Verarbeitung nicht den allgemein anerkannten Regeln der Technik. Auftraggeber müssen vor der Ausführung der Arbeiten über diese Regelabweichung informiert werden. Neue Produkte und Verarbeitungstechniken entsprechen nicht automatisch den allgemein anerkannten Regeln der Technik. Auftraggeber haben jedoch einen bauvertraglichen Anspruch darauf, dass sich Auftragnehmer an die allgemein anerkannten Regeln der Technik halten und ihre Arbeiten entsprechend ausführen. Weichen Auftragnehmer von diesen Regeln ab, liegt in der Bauausführung ein Mangel vor, auch wenn kein Schaden erkennbar ist.

Eine im Rahmen des Werkvertrags zu erbringende Leistung muss über die zugesicherten Eigenschaften hinaus auch noch den anerkannten Regeln der Technik entsprechen. Allgemein anerkannte Regeln der Technik sind, wo immer der Begriff vorkommt, keine Rechtsvorschriften, sondern schriftliche oder mündliche Erfahrungswerte für eine fachgerechte und daher mangelfreie Bauausführung. Solche allgemein anerkannten Regeln der Technik stellen meist Mindestanforderungen auf. Voraussetzung für die Einstufung als anerkannte Regeln der Technik ist, dass sie sowohl von wissenschaftlichen als auch von Fachleuten am Bau anerkannt werden, wo sie sich praktisch bewährt haben müssen. Zu den allgemein anerkannten Regeln gehören z. B. DIN-Normen, VDI-Richtlinien, BFS-Merkblätter und WTA-Merkblätter, sobald sie allgemein eingeführt sind.

Angaben von Herstellern entsprechen nicht unbedingt den allgemein anerkannten Regeln der Technik. Schadlos halten sich Auftragnehmer nur, wenn sie bei Auftraggebern vor der Ausführung der Arbeiten schriftlich Bedenken anmelden oder sich gegenüber dem Hersteller entsprechend absichern.

„Die ‚allgemein anerkannten Regeln der Technik' sind nicht deckungsgleich mit dem ‚Stand der Technik'. Der ‚Stand der Technik' ist der zu einem bestimmten Zeitpunkt erreichte Stand technischer Einrichtungen, Erzeugnisse, Methoden und Verfahren, der sich nach Meinung der Mehrheit der Fachleute in der Praxis bewährt hat oder dessen Eignung für die Praxis von ihnen als nachgewiesen

angesehen wird. In Bezug auf ‚allgemein anerkannte Regeln der Technik' ist damit also der ‚Stand der Technik' als eine Vorstufe anzusehen, da bei ihm das Merkmal ‚allgemein anerkannt' noch fehlt und nicht sicher ist, ob es dazu kommen wird.“ (Haas, 2001, S. 222)

Bedenkenanmeldung

Eine Bedenkenanmeldung gehört zu den Pflichten von Auftragnehmern und muss gemäß § 4 Nr. 3 VOB/B schriftlich erfolgen, z. B. bei Bedenken gegen:

- die vorgesehene Art der Ausführung,
- die Güte der von Auftraggebern gelieferten Stoffe oder Bauteile oder
- die Leistungen anderer Unternehmer (Vorarbeiten).

Eine Bedenkenanmeldung muss des Weiteren

- unverzüglich,
- schriftlich beim VOB-Vertrag (auch sonst empfehlenswert),
- gegenüber dem richtigen Adressaten (Empfehlung: gegenüber Auftraggeber mit Abschrift an den Architekten),
- mit Begründung und Hinweisen auf mögliche Mängel bzw. Mängelfolgeschäden erfolgen.

Übernimmt der Auftragnehmer auch Planungsaufgaben, z. B. Änderungen der Ausführung beim Aufbau des Außenputzes, so übernimmt er hierfür auch die Haftung.

Bedenken bei **Maler- und Lackierarbeiten** (Abschnitt 3.1.1 ATV DIN 18363 „Maler- und Lackierarbeiten – Beschichtungen" [2019]):

*„**3.1.1**   Als Bedenken nach § 4 Abs. 3 VOB/B können insbesondere in Betracht kommen:*
- *ungeeignete Beschaffenheit des Untergrundes, z. B. zu geringe Qualitätsstufe, absandender und kreidender Putz, nicht genügend fester, gerissener und feuchter Untergrund, Sinterschichten, Ausblühungen, Schimmelbildung, korrodierte Metallbauteile,*
- *Holz, das erkennbar von Bläue, Fäulnis oder Insekten befallen ist,*
- *nicht tragfähige Grund- oder Altbeschichtungen,*
- *ungeeignete Bedingungen, die sich aus der Witterung oder dem Raumklima ergeben [...],*
- *Unebenheiten, die die technischen und optischen Anforderungen an die Beschichtung beeinträchtigen.“*

Bedenken bei **Tapezierarbeiten** (Abschnitt 3.1.1 ATV DIN 18366 „Tapezierarbeiten" [2019]):

*„**3.1.1**   Als Bedenken nach § 4 Abs. 3 VOB/B können insbesondere in Betracht kommen:*
- *ungeeignete Beschaffenheit des Untergrundes, z. B. zu geringe Qualitätsstufe, absandender und kreidender Putz, nicht genügend fester, gerissener und feuchter Untergrund, Ausblühungen, Schimmelbildung,*
- *ungeeignete Bedingungen, die sich aus der Witterung oder dem Raumklima ergeben [...],*
- *Unebenheiten, die die technischen und optischen Anforderungen an die Tapezierung beeinträchtigen, Wasserränder,*
[...]“

10.3   Muster zur Bedenkenanmeldung

[abgesandt von]
[Firmenname]
[Name]
[Anschrift]

[adressiert an]
[Name]
[Anschrift]

Einschreiben mit Rückschein

Datum   _____

Betreff   Bedenkenanmeldung nach § 4 Nr. 3 VOB/B

Bauvorhaben: _____

Gewerk: _____ [z. B. Putzarbeiten]

bearbeitet von: _____

[Anrede],

nach Prüfung der Ausführungsunterlagen bzw. Gegebenheiten melden wir bezüglich der Ausführung unserer Leistungen hiermit Bedenken an gegen

☐   die vorgesehene Ausführungsart, vorgegeben in Form von

_____ am _____ ,

☐   die Sicherung gegen Unfallgefahren,

☐   die Güte der von Ihnen gelieferten Stoffe/Bauteile,

☐   die Vorleistung anderer Vorunternehmen vom _____ .

Zur Erläuterung und Begründung unserer Bedenken führen wir an:
[kurze Beschreibung].

Um Verzögerungen zu vermeiden, erbitten wir Ihre Weisung bis zum [Datum].

Wir weisen vorsorglich darauf hin, dass wir von der Mängelhaftung frei sind, falls Sie unsere Bedenken zu Unrecht zurückweisen und daraus ein Mangel entsteht.

Bis zur Mitteilung zum weiteren Vorgehen werden wir unsere Leistungen

☐   einstellen/

☐   fortführen.

Die vertraglich vereinbarte Ausführungsfrist verlängert sich entsprechend, voraussichtlich um _____ Tage.

Mit freundlichen Grüßen

[Ort], den [Datum]   [Unterschrift]

Verteilung:

- [Auftraggeber/Stelle]
- [Bauleitung des Auftraggebers]
- [Bauleiter]

Muster zur Bedenkenanmeldung gegen die Anordnung des Auftraggebers oder Bauleiters

[abgesandt von]

[Firmenname]

[Name]

[Anschrift]

[adressiert an]

[Name]

[Anschrift]

Einschreiben mit Rückschein

Datum _____

Betreff Bedenkenanmeldung nach § 4 Nr. 3 VOB/B

Bauvorhaben: _____

Gewerk: _____ [z. B. Putzarbeiten]

bearbeitet von: _____

[Anrede],

die in Ihrem Auftrag tätige Bauleitung [Name der bauleitenden Person] hat bei der Baubesprechung vom [Datum] um [Uhrzeit] die Durchführung folgender Maßnahmen angeordnet: [kurze Beschreibung].

Wir haben bereits auf der Baubesprechung vom [Datum] gegen eine solche Art der Ausführung unsere Bedenken geäußert. Die Bauleitung besteht jedoch trotz unserer Bedenken weiterhin auf dieser Art der Ausführung.

Daher melden wir hiermit formell Bedenken gegen die Anordnung Ihrer Bauleitung gemäß § 4 Nr. 3 VOB/B an. Wir sind zwar bereit, dieser Anordnung Folge zu leisten, lehnen aber in diesem Fall jegliche Mängelhaftung ab. Bitte geben Sie uns bis zum [Datum] Nachricht, ob Sie von der Anordnung Ihrer Bauleitung Abstand nehmen und wie wir stattdessen weiter verfahren sollen.

Hören wir bis zu dem genannten Zeitpunkt nichts von Ihnen, gehen wir davon aus, dass wir der Anordnung ohne Mängelhaftung Folge leisten sollen.

Mit freundlichen Grüßen

[Ort], den [Datum]   [Unterschrift]

Verteilung:

- [Auftraggeber/Stelle]
- [Bauleitung des Auftraggebers]
- [Bauleiter]

Muster zur Bedenkenanmeldung gegen die Leistung eines Vorunternehmers

[abgesandt von]

[Firmenname]

[Name]

[Anschrift]

[adressiert an]

[Name]

[Anschrift]

Einschreiben mit Rückschein

Datum _____

Betreff   Bedenkenanmeldung nach § 4 Nr. 3 VOB/B

          Bauvorhaben: _____

          Gewerk: _____ [z. B. Putzarbeiten]

          bearbeitet von: _____

[Anrede],

bei der Überprüfung der Vorleistungen, auf die unser Gewerk aufbaut, haben wir Folgendes festgestellt: [kurze Beschreibung].

Die Vorleistung ist damit nicht geeignet, unser Gewerk aufzunehmen. Es ist mit Mängeln zu rechnen.

Wir bitten Sie, uns kurzfristig noch vor Ausführungsbeginn mitzuteilen, was Sie hinsichtlich der Vorleistungen veranlassen werden. Wir haben uns dafür eine Frist von 6 Tagen notiert.

Da wir grundsätzlich nicht berechtigt sind, unsere Leistungen aufgrund von Mängeln an den Vorleistungen einzustellen, teilen wir Ihnen mit, dass wir nach Ablauf der Frist mit unseren Arbeiten fortfahren. Wir weisen aber darauf hin, dass wir in einem solchen Falle gemäß § 4 Nr. 3 VOB/B von einer Haftung befreit sind.

Mit freundlichen Grüßen

[Ort], den [Datum]   [Unterschrift]

Verteilung:

- [Auftraggeber/Stelle]
- [Bauleitung des Auftraggebers]
- [Bauleiter]

11 Normen, Rechtsvorschriften und Literatur

11.1 Normen und Rechtsvorschriften

Bürgerliches Gesetzbuch (BGB) in der Fassung vom 2.01.2002, zuletzt geändert am 14.03.2023

DIN 18111-1:2018-10 Türzargen – Stahlzargen – Teil 1: Standardzargen (1-schalig und 2-schalig) für gefälzte Türen in Mauerwerkswänden und Ständerwerkswänden

DIN 18111-2:2018-10 Türzargen – Stahlzargen – Teil 2: Sonderzargen (1-schalig und 2-schalig) für gefälzte und ungefälzte Türen in Mauerwerkswänden und Ständerwerkswänden

DIN 18111-3:2018-10 Türzargen – Stahlzargen – Teil 3: Einbau von Stahlzargen nach DIN 18111-1 und DIN 18111-2

DIN 18202:2019-07 Toleranzen im Hochbau – Bauwerke

DIN 18550-1:2018-01 Planung, Zubereitung und Ausführung von Außen- und Innenputzen – Teil 1: Ergänzende Festlegungen zu DIN EN 13914-1:2016-09 für Außenputze

DIN 18550-2:2018-01 Planung, Zubereitung und Ausführung von Außen- und Innenputzen – Teil 2: Ergänzende Festlegungen zu DIN EN 13914-2:2016-09 für Innenputze

DIN EN 998-1:2017-02 Festlegungen für Mörtel im Mauerwerksbau – Teil 1: Putzmörtel

DIN EN 13279-1:2008-11 Gipsbinder und Gips-Trockenmörtel – Teil 1: Begriffe und Anforderungen

DIN EN 13300:2023-02 Beschichtungsstoffe – Beschichtungsstoffe für Wände und Decken im Innenbereich – Einteilung

DIN EN 13914-2:2016-09 Planung, Zubereitung und Ausführung von Innen- und Außenputzen – Teil 2: Innenputze

DIN EN 16566:2014-08 Beschichtungsstoffe – Spachtelmassen bei Innen- und/oder Außenarbeiten – Anpassung der Spachtelmassen an die europäischen Normen

DIN EN ISO 2409:2020-12 Beschichtungsstoffe – Gitterschnittprüfung

DIN EN ISO 2808:2019-12 Beschichtungsstoffe – Bestimmung der Schichtdicke

DIN EN ISO 4624:2016-08 Beschichtungsstoffe – Abreißversuche zur Bestimmung der Haftfestigkeit

DIN EN ISO 12944-6:2018-06 Beschichtungsstoffe – Korrosionsschutz von Stahlbauten durch Beschichtungssysteme – Teil 6: Laborprüfungen zur Bewertung von Beschichtungssystemen

VOB/A DIN 1960:2019-09 Vergabe- und Vertragsordnung für Bauleistungen – Teil A: Allgemeine Bestimmungen für die Vergabe von Bauleistungen

VOB/B DIN 1961:2016-09 Vergabe- und Vertragsordnung für Bauleistungen – Teil B: Allgemeine Vertragsbedingungen für die Ausführung von Bauleistungen

VOB/C Vergabe- und Vertragsordnung für Bauleistungen – Teil C: Allgemeine Technische Vertragsbedingungen für Bauleistungen (ATV)

VOB/C ATV DIN 18299:2019-09 Allgemeine Regelungen für Bauarbeiten jeder Art

VOB/C ATV DIN 18340:2019-09 Trockenbauarbeiten

VOB/C ATV DIN 18350:2019-09 Putz- und Stuckarbeiten

VOB/C ATV DIN 18363:2019-09 Maler- und Lackierarbeiten – Beschichtungen

VOB/C ATV DIN 18366:2019-09 Tapezierarbeiten

11.2 Literatur

Abklebe- und Abdeckmaßnahmen – Merkblatt für Maler und Stuckateure. Stand: März 2019. Frankfurt am Main: Bundesverband Farbe Gestaltung Bautenschutz, 2019

BFS-Information 05-01. https://www.farbe-bfs.de/bfs-information-05-01.html [Zugriff: 23.03.2023]

BFS-Merkblatt Nr. 8. Innenbeschichtungen, Tapezier- und Klebearbeiten auf Betonflächen mit geschlossenem Gefüge. Stand: Juni 2010. Frankfurt am Main: Bundesausschuss Farbe und Sachwertschutz e. V., 2010

BFS-Merkblatt Nr. 10. Beschichtungen, Tapezier- und Klebearbeiten auf Innenputz. Stand: Mai 2012. Frankfurt am Main: Bundesausschuss Farbe und Sachwertschutz e. V., 2012

BFS-Merkblatt Nr. 12. Oberflächenbehandlung von Gipsplatten (Gipskartonplatten) und Gipsfaserplatten. Stand: November 2007. Frankfurt am Main: Bundesausschuss Farbe und Sachwertschutz e. V., 2007

BFS-Merkblatt Nr. 16. Technische Richtlinien für Tapezier- und Spannarbeiten innen. Stand: November 2013. Frankfurt am Main: Bundesausschuss Farbe und Sachwertschutz e. V., 2013

BFS-Merkblatt Nr. 20. Baustellenübliche Prüfungen zur Beurteilung des Untergrundes für Beschichtungs- und Tapezierarbeiten. Stand: Oktober 2016. Frankfurt am Main: Bundesausschuss Farbe und Sachwertschutz e. V., 2016

Bramann, Helmut; Mänz, Volker; Schmid, Thomas: Trockenbauarbeiten. Kommentar zu VOB Teil C – ATV DIN 18340, ATV DIN 18299. 4., vollst. überarb. Aufl. Berlin: Beuth, 2016

DBV-Merkblatt Sichtbeton. Stand: Juni 2015: Berlin: Deutscher Beton- und Bautechnik-Verein e. V., 2015

Haas, Reinhold: Der Sachverständige des Handwerks. 5. Aufl. Stuttgart: Alfons W. Gentner, 2001

IGG-Merkblatt Nr. 2. Verspachtelung von Gipsplatten – Oberflächengüten. Stand: November 2017. Berlin: Industriegruppe Gipsplatten im Bundesverband der Gipsindustrie e. V., 2017

IGG-Merkblatt Nr. 2.1. Verspachtelung von Gipsfaserplatten – Oberflächengüten. Stand: November 2017. Berlin: Industriegruppe Gipsplatten im Bundesverband der Gipsindustrie e. V., 2017

IGG-Merkblatt Nr. 6. Vorbehandlung von Trockenbauflächen aus Gipsplatten zur weitergehenden Oberflächenbeschichtung bzw. -bekleidung. Stand: Juni 2011. Berlin: Industriegruppe Gipsplatten im Bundesverband der Gipsindustrie e. V., 2011

IGB-Merkblatt Nr. 3. Putzoberflächen im Innenbereich. Stand: August 2021. Berlin: Industriegruppe Baugipse im Bundesverband der Gipsindustrie e. V., 2021

Seibel, Mark: Anerkannte Regeln der Technik: Inhalt und Konkretisierung in der Praxis (status quo). In: Oswald, Martin; Zöller, Mathias (Hrsg.): Praktische Bewährung neuer Bauweisen – ein (un-)lösbarer Widerspruch? Tagungsband Aachener Bausachverständigentage 2016. Heidelberg/Berlin: Springer Vieweg, 2016, S. 99–105

Strukturierte Putzoberflächen – Visuelle Anforderungen. Stand: November 2017. Frankfurt am Main/Berlin: Bundesausschuss Farbe und Sachwertschutz/ Bundesverband Ausbau und Fassade/Bundesverband der Gipsindustrie e. V./Bundesverband Farbe Gestaltung Bautenschutz/Verband der deutschen Lack- und Druckfarbenindustrie e. V./Verband für Dämmsysteme, Putz und Mörtel e. V., 2017

12 Stichwortverzeichnis